国家出版基金项目
NATIONAL PUBLICATION FOUNDATION

中国青少年
科学实验出版工程 郭传杰 / 主编

The Beauty of Scientific Experiments

科学实验之美

史晓雷◎著

浙江教育出版社·杭州

　　1953年，爱因斯坦在给加州一位朋友斯威策的回信中写道："西方科学发展是以两个伟大的成就为基础的，那就是希腊哲学家发明形式逻辑体系（在欧几里得几何学中）以及（在文艺复兴时期）发现通过系统的实验可以找出因果关系。"

　　科学实验与近现代科学是什么关系？爱因斯坦在这里做了十分明晰的回答：科学实验是科学发展的两大基石之一。考虑到爱因斯坦是一位纯粹从事理论研究的科学家，又考虑到这是他晚年所表达的观点，足见科学实验在科学发展历程中的基础地位是无可撼动的。

　　什么是科学实验？科学实验是指根据一定目的，运用一定的仪器、设备等物质手段，在人工控制的条件下，观察、研究自然现象及其规律性的科学实践形式。科学实验的范围和深度，随着科学技术的发展和社会的进步，在不断扩大和深化。

　　科学实验是发现科学现象、规律的重要途径。如果说在以前还有些新的自然现象或规律，不一定要通过严格的科学实验就可以发现的话，那么，在科学技术越来越发达的当今及未来，在各种极端条件下要发现自然界的新现象并进行研究，不通过复杂的科学实验是很难做到的。

科学实验是验证科学假说、理论模型的唯一可靠途径。正如费曼所说："实验是理论的试金石。任何科学的结论只能在科学实验验证之后才可能具有科学上的意义与权威。"

科学实验相对于科技创新,是基石,是"母亲",是源泉,更是科学知识、科学方法、科学思想、科学精神的集大成者。在科学传播、科学普及越来越彰显其重大价值的时代,科学实验相对于科学传播,同样具有不可替代的作用。在新科技革命风起云涌的当今时代,科学传播的重点要逐步从传播知识向传播创新的思路和方法、科学的理念与精神转移,因此,科学实验在青少年的科学普及教育中,相较于单纯书本知识的灌输,其作用与地位就进一步凸显出来了。

科学实验的趣味与神奇是点燃青少年好奇心的圣火。好奇心是每个孩子与生俱来的。各学科不同的科学实验,那千变万化的颜色,那令人意想不到的实验结果,那进入科学实验室所看到的陌生景象、所听到的奇特声响,都是开启孩子好奇心、探究欲的钥匙。

科学实验的实践过程是培养青少年动手习惯的重要途径。良好的动手习惯和能力是科学人才必备的要求。从小培养孩子边观察、边思考、边动手的习惯,对他们的创新意识、创新能力的提升,是必经的一步。

然而,虽然我们大家都知道科学实验对青少年科学素养的提升有着巨大的价值,但是,综观国内科普产品市场,从科学实验角度对青少年进行科学传播的图书相对较少,更多的是对科学知识的介绍。即使有少数涉及科学实验的科普图书,也多是停留在实验方法介绍的层面。

有鉴于此,我院科学传播局联合浙江教育出版社,决定以中学生为主要读者群,出版一套科学实验丛书。丛书编撰者经过研究分析,确立了丛书的主旨、思路、框架与风格。呈现给读者的这套丛书,以"科学实验之旅""科学实验之功""科学实验之道""科学实验之美""科学实验之趣"为题,编为五册,为科学实验做一全景式扫描,从不同视角带给中学生关于科学实验的全谱式分享。丛书既注重包含科学实验全方位、各学科的前沿知识,厚今薄古,更注重科学实验中体现的科学方法、科学思想和科学精神;既有富于哲理的文字表述,又有丰富的案例故事,趣味盎然,情理交融,图文并茂,通俗易懂,期望能给广大青少年提供一道关于科学实验的美味大餐。当然,这是编撰出版者的初衷和目标,是否真的既营养丰富,又美味可口,要请读者自己品味一番。

从书面世之际,编撰出版者邀我作序,于是写了上述文字,是为序。

中国科学院院长　白春礼

2019年8月

　　两年前,两位周先生——中国科学院科学传播局的周德进局长和浙江教育出版社的周俊总编辑——找我组织主编一套有关科学实验的科普书,主要读者定位于中学生。感佩于他们的诚意及敏锐眼光,我接受了这一邀约。于是,这套书的编撰出版就成了我们近两年来的一个牵挂。

　　伴随民族复兴大业突飞猛进的步伐,科学普及事业近年来越来越受到国家和社会的高度重视。放眼科普出版市场,一派兴隆火爆的气象,令人振奋。但是,在眼花缭乱的出版物中,关于科学实验的科普著作确实不多,即使有,也只是一些趣味实验类的操作介绍。

　　什么是科学实验?科学实验与人类的科学技术事业有什么关系?在科学技术发展的历史长河中,科学实验起过什么作用?又有哪些故事?这些内容,如果以中学生能够接受且通俗有趣的形式提供给他们,相信对他们提升基本科学素养会是不错的素材。

　　(一)科学实验是科学得以发生、发展的两大基石之一。这是爱因斯坦1953年提出的看法,在科学界获得了广泛的共识。他在《物理学进化》一书中还指出:"伽利略的发现以及他所应用的科学推理方法是人类思想史上最伟大的成就之一,而且标志着物理学的真正开端。"丁肇中在谈科学研究的体会时也说："实验是自然科学的基础，理论如果没有实验的证明，是没有意义的。"

爱因斯坦说科学实验是科学发展的基础，我想可以从两个角度去理解：一是科学实验是发现新的科学现象、科学知识的利器。我们都知道"水"，但是，如果不是200多年前普里斯特利、拉瓦锡等科学家连续40余年的实验探索，怎能知道这种重要的透明液体是由"两氢一氧"组成的？如果没有多种光谱仪器和相关的科学实验，仅靠人的眼睛感知，除了可见光波段以外，广阔丰富的电磁波谱就可能与人类生活的各种应用绝缘。二是科学实验是验证科学假说、创建科学理论的必需工具。科学的特点之一，是必须具有可重复性、可检验性。实证是科学的基石，在科学通向真理的路上，实验是首要条件。无论谁声称自己的理论如何完美自洽，没有科学的实验证据，都不足为信。科学实验是理论的最高权威。科学是实证科学，一个理论、一个现象如果不能通过实证检验，是必须被排除在科学大门之外的，它可能是伪科学，也可能是"不科学"。这就是科学的实证精神。正是因为有了科学的实证精神，科学才得以那么与众不同。科学实验是检验科学真理的唯一标准。依靠科学实验而不是依据个人权威去评判理论的是非对错，成了近现代科学与古代科学的分水岭，也为近现代科学的健康快速发展提供了强大的原动力。

但是，长期以来，在社会上有些人的心目中，理论、公式才是科学的"皇后"，实验不过是科学技术的"奴婢"，是服务于科学技术的工具而已。产生这种看法的原因，主要是对科学实验的意义和作用、科学实验在近现代科学技术发展历史进程中的实际地位缺乏基本认知。

另外，现代教育越来越重视科学教育，这是大时代发展的必然趋势。而科学教育的基本目的，我以为重点在于科学素质的培育，而不在于大量知识的灌输,尽管知识的增加也是必需的、重要的。科学素质的重要内涵是科学的方法、思想与精神。科学实验是科学家认识自然、探求真理的伟大社会实践,因此,实验的过程与结果饱含了科学技术最丰厚的内涵,包括新的知识,更包括科学家在实践过程中应用的科学方法,表现的思想态度,闪耀的团队光芒,体现的科学精神。这一切,恰恰是广大青少年提升科学素养的最好"食粮"。

基于以上认识,丛书编委会经过多次调研、讨论,达成共识,希望编写一套高水平的科学实验丛书,期待产品达到"四性""三引"的要求,即科学性、知识性、通俗性、趣味性,以及引人入胜、引人回味、引人向上。具体来说,第一,丛书要确保科学性与知识性,这是底线,科学性达不到要求,就会产生误导,对读者来讲,比零知识更糟糕。第二,要通俗、有趣,不仅通俗好懂,而且有趣有味,不说空话套话,不能味同嚼蜡,要通过大量实际的案例、故事,使之易读好读,图文并茂,雅俗共赏,引人入胜。第三,鉴于科学实验这样严肃宏大的内容主题,因此,应当体现科学史学、哲学、美学的结合,有较高的品位。第四,厚今薄古,既要有近现代科学实验发展的历史轨迹,更要体现科学技术、科学实验在当代的发展与前沿。当然,这些目标只是编撰者的自我要求与期待,能否达到,还得广大读者去评判。经过这些考虑之后,丛书编委会确定了丛书的基本框架,共包括《科学实验之旅》《科学实验之功》《科学实验之道》《科学实验之美》和《科学实验之趣》五册。这个框架是开放性的,根据今后发展及市场反应,也可能还有后续,这是后话。

（二）根据科学实验在科技发展中的源流、地位、功能以及面向中学生读者的科普定位,丛书确立了五册的框架,对各册的内容安排大致有如下考量。

《科学实验之旅》从历史发展的视角,主要通过重大的案例和科学事件,展现科学实验发展的基本源流和脉络,特别是让读者对在科学发展的里程碑时期起过关键作用的那些科学实验有所了解。本册以时序为主线,内容既有科学实验早期的源头,也有科学实验在当代的发展状况和对未来发展方向的前瞻。

《科学实验之功》以著名的科学实验为案例,展现科学实验对科学技术发展的重要贡献以及对人类文明进程的重大影响。科学技术是第一生产力,在近现代,它作为社会经济发展的基本原动力,厥功至伟。而科学技术的飞跃发展,每一步都离不开科学实验的鼎力支撑。

《科学实验之道》集中关注科学实验必须遵循的理念、规律、规范和方法。本册不拟对科学实验的具体流程、方法进行介绍,事实上,鉴于不同学科的实验方法千差万别,想在一本科普册子里全面阐释,实属不可能,也不必要。科学实验看似多样、直观,但其蕴含的深层哲理与大道规律却是有迹可循的。当然,本册并非只用枯燥、深奥的哲学语言与读者对话,而是通过生动的案例同青少年恳谈。

《科学实验之美》侧重于从美学视角来考察科学实验。科学求真,人文至善,科学与人文的融合处会绽放出地球上最美丽的花朵。科学实验之美,有着不同的形态,各样的色彩。实验设计的简洁美,实验过程的曲折美,实验结果的理想美,实验者的心灵美,通过一个个真实的案例故事,读者可以从不同的方位欣赏到科学实验带来的美,陶醉在科学、人文融合的场景之中。

《科学实验之趣》的作者主要是来自优秀中学的优秀教师。他们有着丰富的教育经验,了解中学生的兴趣点。兴趣和趣味是引导青少年走进科学之门的最好向导。曾经有调研者问不同学科、不同国籍的诺贝尔奖得主同一个问题："您为什么能获得诺贝尔奖?"超过70%的受访者的回答是一样的,那就是"对科学的兴趣"。而科学的趣味虽然很多体现于理性的思考,但可能更多蕴含在科学实验的过程之中。本册作者在科技发展的历史长河中,按学科遴选出一批富有趣味的实验案例,将其奉献给莘莘学子阅读欣赏,想必对他们通过有趣的实验进一步探索、进入科学王国有所裨益。

上述各册在深入阐述各书主题时,都会遴选大量科学实验案例。因此,读者可能会想:会不会有案例重复引用的情况? 有,的确有。某些重要的科学实验的确有被不同作者重复引用的情形。虽然,丛书编委会期望各书作者尽量避免重复,也采用过交叉对照、相互协商等措施,但客观地说,完全避免是不可能的。不过,即使是同一个实验案例,在不同的书册中被引用时,角度、素材、内容也是不一样的,作者会围绕该册的主题去选材和表述,不会影响读者的阅读兴趣。

另外,我们要求每册图书必须在统一的框架下,有基本一致的装帧设计、基本一致的框架结构,以显示它们同属"中国青少年科学实验出版工程"丛书,便于读者识别、选择、阅读。与此同时,我们也容许不同作者有自己的写作风格,以免千篇一律,可以在统一的构架下,呈现各自的风格特点。读者选择时,既可以是整套一起,也可以根据自己的需求偏好,只选阅丛书中的一册或几册。

为方便读者在阅读过程中对某一实验进行进一步的追踪了解,作者、责编在一些章节的合适处,插入了链接,或加上了小贴士。同时,在丛书出版过程中,还配上了有趣的科学动漫,为纸媒出版物添上一对数字传媒的翅膀。这些技术、细节性的安排,目的是给广大读者多一点趣味和便捷。

（三）从这套丛书的接手编撰到即将付梓，过去了约两年的时光。其间，召开过7次编委、作者和出版者的联席研讨会。

几位作者从春夏到秋冬，以再学习、深探究的态度，反复修改润色，花费了大量的精力和时间；出版方更是自始至终参与其中，事无巨细，指导支持。两年来，虽然殚精竭虑，笔耕劳苦，但整个团队所有成员都觉得有付出、有收获，心情畅快，合作开心。忘不了研讨会上面红耳赤的热烈争辩，以科学的态度编撰科学实验丛书是我们的共识，也让我们受到一次次科学精神的洗礼；忘不了在重庆江津中学、浙江淳安中学短暂而愉快的时光，校长、师生们对丛书的要求和真知灼见，为丛书的成功编撰增添了一层层厚实的底色。

这套丛书还没问世，就已经受到了学界和社会的关怀与期盼。中国科学院院长白春礼院士为丛书欣然作序。丛书还得到了中国科学院院士刘嘉麒、林群等先生的推荐，并且列入了2019年度国家出版基金项目。

在丛书即将面世的此时此刻，作为主编，本人的心情是复杂的。一方面，我们从一开始就确实怀有一个愿望——做一套关于科学实验的优秀科普书献给中学生及有兴趣的读者，自始至终也为实现这个愿望在做努力，在它正式与读者见面之前，内心怀有一丝激动和些许期待。另一方面，它到底能不能受到读者的欢迎，能不能装进他们的书包、摆上他们的案头，我们心中并没有十分的底数，心情忐忑。不过，媳妇再丑总是要见公婆的，书籍终究是给读者阅读并由读者评点的。我们唯抱诚恳之心，请读者浏览阅读之后，提出指正意见。

郭传杰

2019年9月

　　尽管人类系统地从事科学实验探究开始于17世纪伽利略那个时代，但科学实验的历史可以追溯到很早。公元前3世纪，古希腊的埃拉托色尼在夏至前后利用测量物体的影子推算出了地球的周长——与现在的误差很小。这是科学史上一项了不起的成就，实验方法之简洁、思维之巧妙，堪称典范。

　　人类智识进化的历程，用英国科学人文学者布洛诺夫斯基的话来说，这叫"人类的攀升"。在这一过程中，科学实验扮演了重要的角色，特别是近代科学革命以来，大到理论革新、学科创建、方法演进，小到物质分析、材料试探、新药研发，等等，无不仰赖科学实验。

　　什么是美？这恐怕永远是一个无法简单回答的问题，毕竟它还与审美者的经验、阅历、职业、性别等有诸多关联。但人类对许多"美"似乎又有接近的审美标准，婀娜的杨柳、壮观的云海、流畅的舞蹈、悠扬的笛声，这些"美"应该可以得到多数人的共识。但就"科学实验之美"这个话题，恐怕就众口难调了。与其纠结什么是"科学实验之美"，不如换一种视角与思路，去剖析实验之美的几个方面，这便是本书的逻辑出发点。

照此思路，我们围绕科学实验，依次谈了实验问题之美、实验现象之美、实验设计之美、实验结果之美、实验济世之美、实验人物之美，共六章内容。每一章均前缀导语、阐发主旨、引导案例，然后以"节"的形式呈现，独立分析2～4个科学史上相关的实验案例，以回应所在章之主旨。在每一个案例中，又尽可能地详细交代实验的背景或源起、设计思路和过程、结果和影响。本书不求处处唯"美"是瞻，但求读者在细细品读中能体察、感受科学实验之美。尽管本书最后专门辟有一章谈实验人物之美，但就全书彰显的旨趣而言，人物终归是美的载体、美的灵魂，没有这些科学家的精心设计、严谨实施、核查验算，所有前述的美都将无从体现。我们应学习他们面对问题时的好奇与睿智，面对困境时的坚毅与执着，面对反复实验、计算时的细心与耐心，面对破旧立新时的勇气和胆识。为便于读者理解，书中插入了大量的实验原理图、示意图，部分生僻内容以"小知识"的形式穿插文中，相信读者会有一次愉悦的审"美"之旅。

《庄子》有云："天地有大美而不言。"科学实验亦如此，大美何需言？让我们在阅读这些科学实验的故事中欣赏、揣摩它的"大美"吧！

史晓雷

2019年8月

目 录

第1章
实验问题之美

第2章
实验现象之美

第3章

实验设计之美

第4章

实验结果之美

第5章

实验济世之美

第6章
实验人物之美

微信扫码

看科学实验小视频高效学习
添加学习助手获取服务

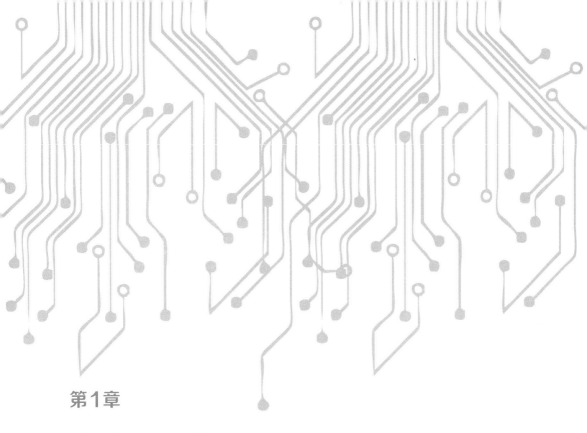

第1章

实验问题之美

　　我国有一句古训:"博学而笃志,切问而近思。""切问"就是诚恳地问,切切实实地求教,这样才能有所收获。著名物理学家李政道也说过:"要创新,需学问,只学答,非学问,问愈透,创更新。"在科学探索的道路上,有时会直接面临现实的难题,需要通过实验去解决、去裁决;有时会困惑于实验本身产生的自然现象,需要分析、解释或设计新的实验去破解;有时会琢磨古人对自然现象的描述、记载是否确实、可靠,需要模拟或设计实验验证,等等。所有这些,都发端于问题,终于实验。实验问题之美,美在它可以诱导发现新的自然定律,美在它可以打开新的自然领域之窗,美在它可以让我们重新思索前人的参天尽物之道。本章的三个故事阐释了实验问题之美:皇冠的难题促使阿基米德发现了浮力定律而喊出了"尤里卡";阴极射线之谜直接导致电子被发现,进而在建立原子结构模型的过程中又发现了原子核;天文学史家席泽宗穷究2000多年前甘德记载的"小赤星",通过实验确证了当时甘德已经用肉眼观测到了"木卫三"(后文中"木卫"均是"木星卫星"的简称)。

皇冠的难题——阿基米德发现浮力定律

读者朋友一定听说过我国的"863"计划吧！那是1986年3月，王大珩、王淦昌、杨嘉墀、陈芳允四位科学家（他们后来均获得"两弹一星功勋奖章"）联名向中央上书，提出要赶超国外高技术的发展建议。建议很快得到国务院的批准，而后国务院颁布了《高技术研究发展计划纲要》。该建议是在1986年3月提出并被批准的，故被称为"863"计划。像这种战略性的科技规划欧洲也有，比如著名的"尤里卡"计划。什么是"尤里卡"计划呢？1985年，西欧国家在新技术革命的冲击下，面临与美国、日本竞争的强大压力，为了全面振兴西欧的科学技术，提出了推动西欧国家在高新技术和尖端技术方面合作的战略规划。目前该计划已经扩展到所有的欧盟成员国。"尤里卡"这个名字的由来，与接下来介绍的主人公有关。据传2000多年前，古希腊先哲阿基米德在洗澡时突发

图1-1 "尤里卡"计划的标识

2

灵感,随之跃出澡盆,欢呼雀跃地呼喊道:"尤里卡!尤里卡!"古希腊语"尤里卡"的意思是"有办法了"。

国王的难题

阿基米德距我们太久远了,他出生在公元前287年,那时正是我国的战国时期,纵横家苏秦正联合齐、楚、赵、魏、韩五国开始攻秦,合纵计划初见成效。阿基米德生于西西里岛的叙拉古(今西西里岛东南海岸的锡拉库萨),那时是希腊的殖民地。他早年曾到埃及的亚历山大城求学,向几何大师欧几里得的再传弟子学习,学成后返回故乡,一直生活在那里。

阿基米德与叙拉古的国王希罗二世有世交,也有说他们有亲戚关系。希罗二世经常找阿基米德帮忙,因为后者聪明博学、声名远扬。传说中导致浮力定律被发现的皇冠难题的故事就发生在他们两人之间。

由于时代久远,皇冠难题的由来有多种说法。比较可靠的一种是,国王希罗二世为了炫耀自己的威仪,决定向某一神殿进献一顶纯金打造的皇冠。工匠完成后,将皇冠交到了国王手上。可是没多久,国王得到传闻,说工匠在打造过程中做了手脚,用一些白银充在其中,换走了一些黄金。国王听后颇为不

图1-2 阿基米德

快，因为这样的话，不仅是对神不敬，而且他觉得自己受到了愚弄。但皇冠看上去并无瑕疵，该如何判断皇冠是不是纯金打造的呢？国王一筹莫展，于是他想到了聪明的阿基米德。

也许是国王给的这个题目太刁钻了，即便是像阿基米德这样的聪慧之士都觉得棘手，他思考了多日，有些疲惫，他打算先舒舒服服洗个澡放松一下。正是这次洗澡，让他灵光迸现。

问题迎刃而解

澡盆的水快要放满了，和往常一样，阿基米德拖着疲惫的步伐移到澡盆前。他浸下一部分身子，澡盆的水慢慢升起来，很快就要溢出来了。他继续往下躺，水便溢出来了，随着身子浸入水中越多，溢到盆外的水也越多，同时阿基米德感到身子也快要浮起来了。也许是脑海中皇冠难题一直萦绕不去，他忽地将眼前的一幕与皇冠难题联系到了一起，起身大叫："尤里卡！尤里卡！"他光着脚丫，衣服也顾不上穿便跑到大街上兴奋地喊着。街上的人十分不解，以为他精神出了什么问题，大家不知道阿基米德已找到了解决皇冠难题的锁钥。

阿基米德发现，当盆中水满了之后，身子浸入水中部分的体积等于溢到盆外的水的体积。这一现在看起来相当简单的原理在当时却是了不起的发现，因为这相当于找到了一条测定不规则物体体积的办法。同时，生活经验又告诉他，同等质量的黄金和白银，前者所占的体积要小（这其实是密度问题，但当时还无密度的概念）。因此，在不破坏皇冠的前提下，判断的方法是，用同等质量的纯金与皇冠作比较。比较什么呢？自然是它们排开水的体积。

图1-3　阿基米德在洗澡时找到解决问题的灵感

　　结果大家都知道，同等质量的纯金与皇冠分别放入盛满水的水盆后，皇冠所在盆溢出的水体积大于纯金，这就说明了皇冠用金不纯，工匠做了手脚。工匠受到了怎样的严惩已无法得知，但阿基米德肯定受到了重赏，因为他再一次用智慧帮了国王的大忙。

　　阿基米德根据皇冠难题引发的思考，做了一系列的实验，考察了浸入水中的物体排开水的体积、质量以及所受浮力的关系，最终得到了普遍适用的浮力定律：物体在液体中受到的浮力，等于其排开液体的重量。

　　要补充说明的是，1586年，22岁的意大利科学家伽利略重新考查了阿基米德与皇冠的故事，并提出了他的设想。其设想的办法更简单，而且可以更精确地计算出工匠掺假了多少。同时伽利略的设想利用了阿基米德发现并娴熟运用的杠杆原理。基于前述的原理，用一根等臂杠杆，一边悬吊皇冠，一边悬吊等质量的纯金，然后将其同时置于水中。若是皇冠有掺假，体积会变大，所受到的浮力也会变大，所以那一端就会升起来而打破平衡。

别踩坏了我的圆

在物理方面，阿基米德是一位实验型的物理学家。在对物理定律透彻把握的基础上，他自信地宣称："假如给我一个支点，我可以撬起地球！"他动手能力极强，这一点与后来的伽利略很像。他发明了许多实用性的机械，比如用于汲水的阿基米德螺旋。为了阻止罗马军队的侵扰，阿基米德发明了许多威力无比的武器，比如可以远距离投掷石块击中对方战舰的巨型抛石机。他还制作了巨型的凹面镜（另有一种说法是让众多希腊水手，每人手持一个"燃烧玻璃"，同时向一个方向汇聚光），利用该镜汇聚的光点燃、烧毁了入侵的罗马舰船。烧毁罗马舰船的故事曾受到不同程度的质疑。1747 年，法国博物学家布封（也译作布丰）复原了阿基米德的方法，他利用 40 块镜子点燃了 20 米外的一块木板，然后又用 128 块镜子点燃了 46 米外的一块松木板。不过，2004 年美国知名科普节目《流言终结者》（Myth Buster）试图用阿基米德的办法生火，结果失败了。到了 2005 年，剧情又反转，麻省理工学院（MIT）的大卫·华莱士利用 127 块 0.3 米×0.3 米的镜子组成的凹面镜成功点燃了 30 米远处的木船模型，再次表明阿基米德当年的故事有可能发生。

令人痛心的是，在上述入侵事件中，罗马军队最终占领了叙拉古。当一个鲁莽的士兵见到阿基米德时，他正在地上演算。他看到了士兵的影子，轻声说道：别踩坏了我的圆。这是他留在世上的最后一句话，一位智者从此陨落，留给世人无尽的遗憾。

图1-4　阿基米德之死

打开原子的大门——电子和原子核的发现

著名科普作家郭正谊曾写过一本科普书《打开原子的大门》。这本小书从19世纪中期物理学界的盖斯勒管谈起，一直谈到20世纪30年代意大利科学家费米发现超铀元素——原子序数大于92的元素。该书妙趣横生，笔者多年前读过，至今记忆犹新。接下来讲的实验故事与这本书的内容有关，这里就借用它的名字作为标题吧。

原子（atom）的概念源自古希腊语 atomos，意思是"不可分割的",表达了2000多年前人类对物质世界的朴素认识,认为万物的本原是一种微小的、不可分割的粒子——原子。但这种认识长期处于哲学思辨的状态,一直到了19世纪初,才由英国的道尔顿予以复兴,建立了以"原子量"为基础的近代原子理论。现在我们知道,原子并非不可再分,而是由电子和原子核构成的,其中原子核又由质子和中子构成,质子和中子又由夸克构成,等等。在探索原子结构的征程中,电子的发现具有里程碑式的意义,因为这是人类首次发现比原子更小的微粒,打破了2000多年旧思维的束缚。发现原子核又是一个里程碑式的事件,因为这为理解原子结构奠定了基础。

阴极射线之谜

电子的发现与阴极射线直接相关,而阴极射线又与早期的低压气体放电现象直接相关。

1857年,德国的玻璃吹制工盖斯勒利用自己新发明的水银空气泵,在抽成高度真空的玻璃管内充入了稀有气体,当把封在玻璃管内的两个电极加上成千上万伏特电压时,玻璃管内就会产生放电现象,不同气体会呈现不同的色彩。这正是后来的"霓虹灯"的前身,这种低压气体放电管被称为"盖斯勒管"。之后,众多物理学家开始关注这一现象,他们发现当玻璃管内气压再低时,之前的色彩将会消失,而对着阴极的玻璃管壁上会出现明亮的荧光,尽管这种荧光是什么当时并不清楚,但显然是从阴极发射出来的,故学界称之为"阴极射线"。

在研究阴极射线的过程中,科学家逐渐形成了意见针锋相对的两派，即粒子流派与光波派。大部分英国科学家持粒子流的看法，其中克鲁克斯的贡献尤其重要，他致力于提高盖斯勒管的真空度，发明了高真空的放电管——克鲁克斯管。1879年，克鲁克斯在玻璃管中放置了一个带云母翼片的小风轮，当用阴极射线照射风翼时，小风轮竟然转动起来。这种现象只能用粒子流来解释。德国大部分科学家却对此不以为然，他们认为阴极射线是一种类似紫外光的光波，不可能是粒子流，因为有勒纳德的实验支持。勒纳德是著名科学家赫兹（验证了电磁波的存在）的学生，后来获得了1905年的诺贝尔物理学奖。1894年，勒纳德设计了一个实验，发现阴极射线可以穿过金属箔飞到阴极射线管外。这点直击"粒子流派"的要害，因为粒子流怎么可能穿透金属箔呢！

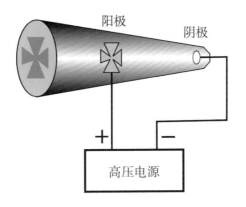

图1-5 克鲁克斯管示意图

谁也说服不了谁，最后，英国的J.J.汤姆逊一"锤"定乾坤，他通过一个巧妙的实验，不但支持了粒子派，更重要的是直接发现了电子。

电子的发现

先说说这位 J.J. 汤姆逊，谈欧美人名时我们一般称呼其姓，比如 Isaac Newton 就称呼牛顿，这位"汤姆逊"比较特殊，因为他和儿子小汤姆逊均是诺贝尔奖得主，后人为示区别，通常称呼老汤姆逊时就加上他姓名的缩写而称他为 J.J. 汤姆逊。这对父子因在物理学上的贡献被传为美谈：老汤姆逊证明了电子的粒子性，小汤姆逊证明了电子的波动性。看来这对父子似乎是专门为电子而生的。这里只谈老汤姆逊。

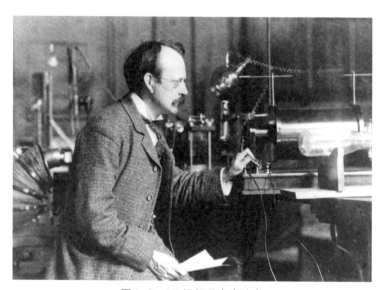

图1-6　J.J.汤姆逊在实验室

J.J. 汤姆逊曾任英国卡文迪许实验室主任，他和当时的英国大多数科学家一样，倾向于认为阴极射线是一种粒子流，并在探索过程中发现了它是一种带负电的粒子流，这可以通过它在电场或磁场中的运动轨迹显示出来。1897年,他设计了一个实验,测定了这种未知粒子的荷质比。

J.J.汤姆逊实验的示意图如图1-7,其基本思想是:对阴极射线同时作用电场和磁场,调整电场和磁场大小使其处于平衡,即微粒所受的库仑力和洛伦兹力相等。这里直接给出微粒荷质比的结果:

$$\frac{e}{m} = \frac{Eh}{LlB^2}$$

其中:E 为两板间的电场强度,h 为电场或磁场单独作用时在屏上产生的偏移距离,L 为极板中点到屏的距离,l 为极板的长度,B 为两板间的磁场强度。

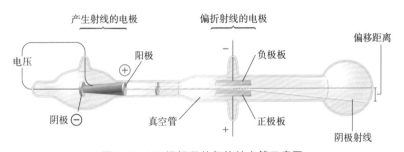

图 1-7　J.J. 汤姆逊的气体放电管示意图

此外,J.J.汤姆逊变换了阴极材料,并变换了阴极射线管中的气体(空气、二氧化碳、氢气等),这种带电微粒的荷质比均保持不变,大约是氢离子的荷质比的 1000 倍(现测值为 1800 倍)。很快,J.J. 汤姆逊测定出带电粒子的电荷与氢离子所带电荷基本相同(1891 年,爱尔兰物理学家斯通尼推测,氢离子的带电量为基本的电荷单位,并提出"电子"的概念)。这样,唯一的解释就是这种带电粒子的质量是氢离子的1/1000。这相当于证明了这种带负电的粒子是所有原子的一部分,质量仅为氢原子的1/1000。换句话说,J.J.汤姆逊不但发现了电子,还知晓了电子的质量。

J.J.汤姆逊因为发现了电子而荣膺1906年的诺贝尔物理学奖,他被誉为第一位打开通向粒子物理学大门的伟人,名垂青史。

α粒子散射实验

当得知电子是原子的一部分后,推测一个合理的原子模型,也即探索电子与整个原子的关系,就被提上了日程。

1903年,J.J.汤姆逊首先提出了一个原子结构的"西瓜模型"。这个模型还有其他名字,比如葡萄干布丁模型、枣糕模型等,这几个名字都比较贴切地表达了该模型的本质特征,即分布均匀的电子嵌在带正电荷的原子中,对原子而言,正负电荷相等,故整体不显电性。电子在某些平衡位置做简谐振动而发出电磁波。这一模

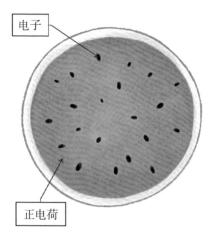

图1-8 原子结构的西瓜模型

型能够对当时已有的实验结果给出合理解释，但在面对卢瑟福的α粒子散射实验结果时，却迅速土崩瓦解。

在科学研究中，提出假说、建立模型，这很正常，但是谁对这些假说和模型具有最终的裁决权？是科学实验。20世纪著名物理学家费曼有一句名言：无论你的猜想有多漂亮，如果它与实验不符，它就是错的。α粒子散射实验就让原子结构的西瓜模型遭遇了滑铁卢。

图1-9　卢瑟福

这位卢瑟福绝非等闲之辈，他被公认为20世纪最伟大的实验物理学家。他早年曾在J.J.汤姆逊主持的卡文迪许实验室求学，因此他可以算是J.J.汤姆逊的学生。

◆小知识

卢瑟福在新西兰长大，那时新西兰还是英国的殖民地。1895年时，24岁的卢瑟福争取到了一项英国的奖学金，这项奖学金可以资助新西兰的青年到英国的高等学府继续深造。据说，他母亲把这个好消息告诉他时，正在菜园里挖土豆的他情不自禁地说道，这是他一生挖的最后一颗土豆了。果不其然，此后他在科学的海洋恣意徜徉，终成一代科学巨匠。

离开卡文迪许实验室之后，卢瑟福曾到加拿大的麦吉尔大学任教了几年，1907年他回到英国，担任曼彻斯特大学的物理学教授。第二年，他因在放射性方面的研究而获得诺贝尔化学奖。α粒子散射实验正是在曼彻斯特大学进行的。

当时已经明确，α粒子就是带正电的氦原子核。实验的基本思路是用快速运动的α粒子轰击一张很薄的金箔，然后观测α粒子与金原子相互作用后引发的散射现象，从而推测原子内部结构情况。这就好比在黑暗中遇到一口井，由于看不到井有多深，你只能扔一块石头下去，根据听到的声音进行推测。

1909年在卢瑟福的指导下，他的两位助手盖革和马斯登进行了该实验。俗话说得好，强将手下无弱兵。盖革当时正在曼彻斯特大学做博士后研究，合作导师是卢瑟福。1908年，盖革发明了用于探测辐射粒子的盖革计数器，可能由于发明之初还不完善，在1909年的α粒子散射实验中仍采用了传统的闪烁计数法。马斯登那时还是一名大学生，算是在卢瑟福的指导下实习。实验示意如图

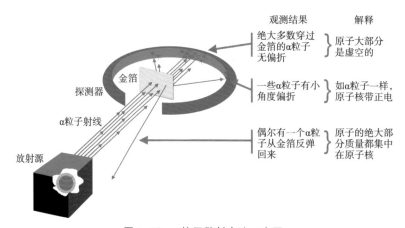

图1-10　α粒子散射实验示意图

1-10所示，从放射源发出的很细的α射线穿过金箔后，会打在荧光屏上形成一个个的闪光，这些闪光可以被后方的显微镜观察到（闪烁计数法），荧光屏与显微镜可以围绕金箔在一个圆周上转动。

实验的结果是：绝大多数粒子穿过金箔后沿着原来方向或有很小的散射角（2～3度），大约有1/8000的粒子散射角大于90度，甚至接近180度。如果原子结构如西瓜模型，当α粒子穿过时，只能发生小角度的散射，对于大于90度，甚至接近180度的散射，按照理论计算其概率在$1/10^{3500}$，而实验结果为1/8000，数量级差别太大，无论如何都解释不了。对此，卢瑟福后来回忆道：

这是我一生中从未遇到过的最难以置信的事件，它就好比你对一张纸射出一发15英寸（约38厘米）的炮弹，结果却被顶了回来而打在自己身上。经过思考，我认为反向散射必定是单次碰撞的结果，而当我进行计算后看到，除非一个原子的大部分质量都集中在一个微小的核内系统，否则是无法得到这种数量级的任何结果的，这就是我后来提出的原子具有很小而质量很大的核的想法。

这便是著名科学哲学家托马斯·库恩所说的"反常现象"，也即旧理论无法解释新的实验事实，出路往往是"科学革命"，当然"科学革命"有大有小，总之是要换一种思路或者理论模型了。前面提到，费曼说过，理论与实验不符，那么理论就是错的。卢瑟福早年受过J.J.汤姆逊的教诲和激励，但"吾爱吾师，吾更爱真理"，他不得不改弦易辙，提出一套符合实验图景的新理论。于是卢瑟福在1911年提出原子结构的"核式模型"。

核式模型的要点是：原子的几乎全部质量集中在带正电荷的原子核内，带负电的电子绕原子核旋转。从空间尺度计算，原子核的半径仅有原子半径的1/100000，可想而知原子内部有多么空旷。可以做一个比喻，如果原子像北京"鸟巢"那样大的话，那么原子核的大小只有"鸟巢"中央一粒黄豆般大。该模型既很好地解释了极少数α粒子大角度散射的现象，又能解释之前西瓜模型遇到的问题，故很快得到学界的认可。

正是在卢瑟福"核式模型"的基础上，后来丹麦的玻尔才提出了更精致的原子结构学说。20世纪物理学巨匠海森堡认为，卢瑟福是原子物理学的真正奠基人。α粒子散射实验作为原子物理学的奠基性实验，已经被载入史册。

神秘的小赤星——甘德发现木卫的验证

木星是太阳系八大行星中比较奇特的一个。首先它是质量最大的，是其余七个兄弟行星质量总和的2.5倍。其次在八个兄弟中它的卫星数目众多，多达79颗（2019年10月，科学家发现了土星的20颗新卫星，使土星卫星的总数达到82颗，才超过了木星）。最后有关它的故事是最传奇的，在太阳系中没有别的行星像木星这样，与近代天文学革命那么紧密地联系在一起。众所周知的事情是，1610年，伽利略利用自制的一架单筒望远镜发现了木星的4颗卫星（后被称为伽利略卫星），从而为波兰天文学家哥白尼提出的日心说提供了直接支持，成为近代天文学革命的经典一幕。关于伽

图1-11 木星及伽利略卫星(从左至右依次是木卫三、木卫二、木卫四,木卫一被木星遮挡)

利略发现木卫的故事,科学史上已经讲得很多了;这里谈一个用实验验证甘德发现木卫的故事。

1981年,中国科学院自然科学史研究所席泽宗研究员(1991年当选为中国科学院院士)在《天体物理学报》发表了一篇论文,题目是《伽利略前两千年甘德对木卫的发现》。一石激起千层浪,论文立刻引发了天文学及天文学史学界的广泛关

图1-12 席泽宗院士

注,为什么呢? 因为当时学界普遍的认识是,1610年伽利略首先发现了木卫,怎么中国战国时期的甘德比伽利略更早发现了木卫? 更惊叹的是早了近2000年,并且还是用肉眼发现的,这事靠谱吗?

事出有据

席泽宗在唐代《开元占经》中发现一则相关史料，书上提到战国时甘德在谈到木星时有这样一句话："若有小赤星附于其侧，是谓同盟。"古代赤色是指浅红色，这里显然是在说在木星的周围有一颗浅红色小星，依附于木星，形成了"同盟"。"同盟"这个词很关键。首先，它表明这句话有春秋战国的印记。尽管《开元占经》是唐代的书，但它引用甘德的话并不是随意编的，因为在春秋战国时两国或多国为了共同目的形成的共同体常称作同盟，就像第一次世界大战或第二次世界大战时的"同盟国"一样。此外，甘德说这句话时是在利用木星（岁星）运行的位置记载某一事件，这也是战国时期通常的做法。其次，既然形成了"同盟"，就说明它们形成了一个系统，也即这颗小星附于木星之侧不是偶然现象，而是常态。那时没有卫星一说，但意思已经很明白了，只能作卫星解释。可见，《开元占经》记载甘德发现了木卫之事可信。

席泽宗感到这是一个很重要的发现，需要谨慎对待，也即需要实验验证，那时没有望远镜，甘德真的能用肉眼看到木卫吗？木星

◆**小知识**

岁星是木星的另一称谓。很早的时候，中国人就已经知道木星的公转周期为11.86年，近12年。为了方便推算木星在天空中的运行情况，就把天赤道分为均匀的12等份，并依此取名（比如大梁、鹑首、鹑火等），木星每年移动1个等份。如《国语》中说"武王伐纣，岁在鹑火"，就是指武王伐纣这一年，木星运行在鹑火的位置。

有4颗大的卫星,他看到的又是哪一颗呢?

甘德真的发现了木卫?

席泽宗和天文学界的同行随即进行了分析,提出了合理的实验验证方案,并进行了观测验证。结果不负众望,获得了肯定的答案。确认甘德是否发现了木卫的工作主要有席泽宗及其同事——自然科学史研究所的刘金沂,还有北京天文台(现国家天文台)的杨正宗等。内容主要有三部分:理论分析、模拟验证、实验验证。

> ◆ **小知识**
>
> 甘德是战国时期的天文学家,其生卒年已经无从考究了。不过,他是当时几位卓有声望的天文学家之一,有史书记载,"鲁有梓慎,……齐有甘德,楚有唐昧,赵有尹皋,魏有石申,皆掌著天文,各论图验。"其中甘德和石申最有名,但是他们的著作均已散佚,只有零散的内容保留在《开元占经》等书中。

首先谈理论分析。从理论上讲,肉眼若能分辨两个相邻天体,则两个天体之间必须有一定的间隔,就好比你看远处的铁轨,两条轨道会合并成一个点一样,就因为两者间隔小,远了目力无法分辨。那么两个临近的天体需满足什么样的条件,人类的肉眼才能分辨呢?一般而言,两个天体对人眼的视角若大于1角分,人眼就可以分辨。

在最大的4颗木卫中,木星与木卫一的角距离最小,但也有2角分多,显然最大的4颗木卫均满足条件。视角满足了还不行,还需要满足一定的亮度。木星的亮度自不用说,在夜空中除了月亮和金星外就属它了,比夜空中最亮的恒星天狼星还亮(就视亮度等级而言,木星为－2.7,天狼星仅为－1.46,负数的绝对值越大,表明越亮)。最大的4颗木卫的亮度显然会差很多,视星等均小于6,也即在人类肉眼观测的极限范围内,其中木卫三最亮时视星等为4.6。还有一点也很重要,就是两者亮度对比不能相差太大。比如尽管木星在夜空很亮,但是在大白天几乎不会看到它,就因为木星会被淹没在太阳的光芒里。席泽宗指出,尽管木星很亮会影响肉眼对木卫的观测,但如果两颗或两颗以上的木卫运行到一侧时,彼此叠加的光亮会有利于肉眼观测。

◆小知识

　　1角分是一个角度概念,换算关系为:1度＝60角分。满月时月亮直径的视角大约是30角分,或者说0.5度。再举一个通俗的例子,把一个直径大约10厘米的苹果放置在10米远处,形成的视角就是0.5度,与夜晚看到的满月有一样大小的视角。

　　在理论分析的同时,席泽宗还委托北京天文馆的朋友在天象厅进行了模拟观测。根据模拟观测,基本推断甘德所见应该是木卫三或木卫四,木卫三的可能性最大。很快,北京天文台的杨正宗等人利用河北兴隆观测站的双筒天体照相仪,对肉眼观测木卫进行了模拟验证。天体照相仪相当于一个模拟人眼,可以较好模拟发生在人眼视网膜上的光扩散效应。这相当于是一次模拟人眼观测,结果表明正常人眼可以直接观测到木卫,其中最有可能观测到的是木卫三。

更有说服力的证据是刘金沂进行的实际观测实验。他找了8名实验对象（包括他自己），于1981年3月9日—11日在河北兴隆县的山区进行了实验，那里远离城市的灯光，空气洁净。实验结果令人欣慰，8人均看到了木卫三，有1人看到了木卫一、木卫二和木卫三，另有3人看到了木卫二和木卫三。同时他们看到木卫三的颜色是淡红色的，这也与甘德的记载吻合。

可见，无论从理论分析、模拟实验，还是实际观测实验，均证实甘德看到了木卫，而且最可能看到的是木卫三。其实，在西方，人类用肉眼观测到木卫的记载也有。席泽宗引用了德国地理学家洪堡的一个记载，说在德国布勒斯劳城（现波兰弗罗茨瓦夫市）有个叫舍恩的裁缝，可以在无月的晴朗夜晚，相当准确地指出主要木卫的位置。只是这里稍有误差，据1898年《大众天文学》的一篇文章，在布勒斯劳天文台的严格测试中，舍恩并不能指出4颗木卫的位置，而是说他能很容易地看到木卫三，木卫一最亮时也能被轻易看到，但从没发现过木卫二和木卫四。无论如何，舍恩的确凭借肉

图1-13 木星及木卫三（加尼米得）

眼可以观测到木卫,这再次给甘德发现木卫之事实增加了砝码。

事实清楚了,但事情还没结束,尽管知道甘德的确发现了木卫,那么他是何时发现的呢?这当然难不倒席泽宗,他有很扎实的天文学功底,因为他就是学天文出身的,早年毕业于中山大学天文系,与著名的天文学家、中国科学院院士叶叔华是上下届。席泽宗推算出甘德发现木卫的时间是公元前364年的夏天,比伽利略早了近2000年!

这是一次完美的以问题为引导的实验验证。问题源于席泽宗在《开元占经》看到的几句话,进而引发了他对甘德是否真的发现了木卫的思考,最后通过模拟实验和实际观测实验,证明了史料的准确性。古人不欺吾辈,诚哉!席泽宗的这项工作,难能可贵,因为过去天文学史的研究,主要靠历史资料分析,基本无涉实验,但他的这项工作,靠实际观测实验完美收尾,因此受到日本京都大学研究中国天文学史的薮内清教授的高度评价,认为这是"实验天文学史的开端"。

图1-14 木卫四

如何评价东西方各自对木卫的发现

甘德早于伽利略近2000年发现了木卫,的确令人称道,因为这是人类世界上首次观测到木卫,并对木星与木卫系统做了比较准确的描述。但是对科学发展的历史长河而言,甘德和伽利略的关于木卫的发现却并不能同语。

从1543年哥白尼发表《天体运行论》,提出日心说,到1609年伽利略首先把望远镜投向星空,新学说一直面临着旧学说的责难与四面围剿。伽利略在1609—1610年利用望远镜得到的一系列发现包括:月球表面的凹凸不平、太阳黑子、4颗木卫以及金星的相位等,这些发现极大地佐证、支持了哥白尼的日心说,为该学说的发展和传播铺就了一条康庄大道。

即便对当时一些倾向日心说的人而言,木卫的发现也是一针强心剂,因为他们极度困惑于月球在绕地球运转的同时地球也在绕太阳做周年运转的体系。发现4颗木卫之后,人们不但可以亲眼观测到它们在绕木星运动,就像月球绕地球运动一样,而且它们还与木星一起,以12年为周期绕太阳运动。木星及木卫系统就像一个小型的哥白尼模型,显然要比地月系统更具说服力,用著名科学史家伯纳德·科恩的话说:"如此便消解了反对哥白尼体系的一个主要理由。"这也正是伽利略发现木卫的意义所在。在近代天文学革命的洪流中,木卫的发现虽不复杂,却力重千钧。

反观甘德的发现,尽管时间上早了近2000年,但并未对我国和世界的天文学发展产生重大影响。原因可能与我国古代天文学的特点以及传统思维方式有关。我国古代的确留下了世所罕见、浩

图1-15　伽利略发现木卫时的笔记(1610年1月)

如烟海的天象记录,但其中的绝大多数天象记录用于军国星占,与代数式的历法计算体系相距较远。而在西方,很早就建立了较精细的几何式宇宙模型,天象记录能够较充分地与之互动。思维方面,我国古代重视经验积累,轻视理论总结,未能把这些零散的资料形成具有内在联系的逻辑体系。比如著名的哈雷彗星,我国早在公元前613年(春秋鲁文公十四年)便有对它的记载,此后历次不辍,但是始终未能认识到它们是同一颗彗星;而英国的哈雷,在万有引力理论的指导下,利用3次记录数据便计算出了其轨迹,并预言了其下一次的回归时间。

可见,正确的认识是:我国战国时的甘德在公元前364年夏天用肉眼发现了木卫三,同时注意到了木卫依附于木星的现象,时间之早、观察之细,值得称道。1610年,伽利略用望远镜发现了4颗木卫,成为支持哥白尼日心说的有力证据,书写了近代天文学革命中的光辉篇章。

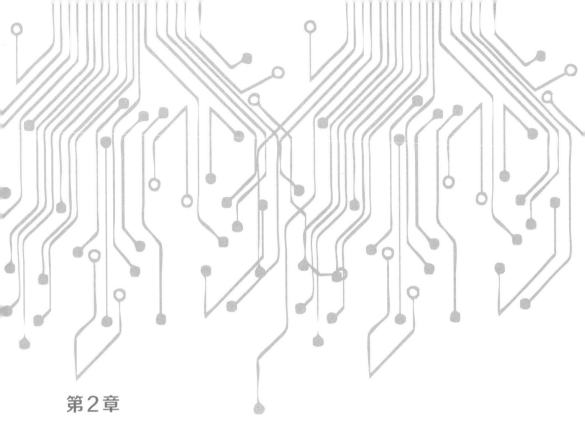

第2章

实验现象之美

  对科学实验而言的"现象之美"有两种：一种是纯粹的自然现象之美，吸引、激发科学家探究其美的本质；另一种是实验过程中的现象之美，属于科学探究的阶段性或最终结果。在科学研究的过程中，人们对美的认识也有一个从感性到理性的过程。唐代诗人韦应物有诗云："春潮带雨晚来急，野渡无人舟自横。"若单独品味诗中描写的境象之美，悠闲恬淡；再琢磨，便可察出流体运动中物体平稳性的合理结果。这便是感性美到理性美的升华过程。本章涉及的两个实验，均与光有关，而光正好又是视觉审美与理性洞察的中间媒介。"赤橙黄绿青蓝紫，谁持彩练当空舞"，在雨后斜阳的映照下，横亘在天际的这道彩练引发了多少人的遐想与沉思，笛卡尔如是，牛顿亦如是。正是牛顿，通过光的色散实验，揭开了颜色之谜。1919年，爱丁顿带领的团队借助日全食，考察了太阳附近星光的偏折，验证了爱因斯坦创建的广义相对论。偏折的光线，反映了太阳巨大质量造成的时空弯曲。

暗室彩练——光的色散实验

　　那是1665年的夏天/因鼠疫你从剑桥回到故园/在接下来一年多的时间里/你的才思喷薄如泉/在数学上/二项式定理你披荆斩棘，流数法的运用如鸿蒙开元/在天文上/万有引力定律你堂奥初探，后来哈雷的预言靠它成了经典/在光学上，你把白光的秘密完全呈现，三棱镜折射出了七彩光颜/任何一项成就足以名垂青史/二十四岁的你已经囊中全揽/伽利略和开普勒后继有人/你站在巨人的肩膀上笑傲群贤/诗人蒲柏对你敬佩不已/他说自然之律在幽冥中亘古长眠/上帝说，让牛顿来/于是一切光照宇寰

图2-1　光的色散

这是笔者几年前写的一首小诗的一部分,诗的名字叫"科学史的奇迹年"。其中引用的英国伟大诗人蒲柏盛赞牛顿的那句话,英文原文是:"Nature and nature's laws lay hid in night; God said, Let Newton be! And all was light."就整个近代科学革命的洪流而言,没有比把牛顿比喻为光或光的使者更恰当的了。牛顿固然不是横空出世,否则他也不会说,自己只是站在巨人的肩膀上,但是牛顿带给科学界的是狂飙、是闪电,涤荡

图2-2　牛顿在苹果树下遐想

了旧方法论的浓云,迎来了新革命的朝阳。牛顿一生的主要科学贡献,集中在力学、数学和光学三方面,这里我们只谈他在光学上的贡献——通过色散实验为光的颜色理论奠定了基础。

牛顿时代的光学理论与实践

在牛顿生活的时代(主要指稍早一些的),出现了许多在光学理论或者实践方面的专家,按照出生先后顺序排,比较著名的有伽利略、开普勒、斯涅耳、笛卡尔、格里马尔迪、惠更斯、列文虎克、胡克等。

先说光学理论。开普勒在天文学上赫赫有名,被誉为"天空立法者",因为他发现了行星运行的三大定律。在近代光学上,开普

勒也卓有建树,1604 年他完成了一本光学著作《天文光学须知》,他不但注意到视网膜才是眼睛真正的感觉器官,还得出了光度学中的距离平方反比定律。

◆小知识

　　光度学平方反比定律。该定律的意思是光照强度与离开光源的距离平方成反比关系。假设你点燃一根蜡烛,你在 1 米开外感受到的亮度为 L,如果你远离到 2 米处,眼睛感受到的光亮仅为 L/4。

　　1611 年,开普勒出版了另一本光学著作《屈光学》,这本书主要谈光的折射问题,不过他并没有得出定量的折射定律。严格的折射定律是由荷兰物理学家斯涅耳在 1621 年提出的,后来被称为斯涅耳定律。1637 年,笛卡尔也出版了他的光学著作《屈光学》,他做了一个形象的比喻,视觉好比盲人借助手杖感触物体的存在,而

图 2-3　彩虹

靠光来发现物体,则是由于发光体产生了一种通过空间传输的压力。笛卡尔正确解释了彩虹为何总是以弧形呈现在观察者面前,但是对彩虹颜色的解释就有些玄幻了,他认为彩虹的颜色是空气中的微粒从彩虹传递到人眼的压力所致。彩虹颜色的不同是因为微粒就像旋转的小球,有快有慢,加上折射的影响,便形成了不同颜色。意大利的格里马尔迪在1665年发现了光的衍射现象,这与光的直线传播相悖,因为他发现了光也可以绕过障碍物。英国的惠更斯发展了格里马尔迪的理论,成了当时波动说的集大成者。

◆**小知识**

衍射,是指波在传播过程中遇到障碍物(屏、孔、缝)时可以改变传播方向,绕过障碍物的现象。"隔墙有耳"指的就是声波的衍射现象。相对声波,日常所见光波的衍射比较少见,是因为只有在障碍物的尺度接近或小于波长时衍射效果才明显,而可见光的波长范围为400~760纳米,故日常很难见到光的衍射现象。但也有例外,比如在树林中透过树叶缝隙观看太阳时看到的彩色光晕,就是光的衍射。

微信扫码

看科学实验小视频高效学习
添加学习助手获取服务

图2-4　光的衍射现象

　　那个时代，光学实践正蓬勃发展。荷兰的眼镜商最早鼓捣出了望远镜，但并未对当时的科学产生什么影响。1609年，伽利略得到了来自荷兰的消息，他很快用一块平凸透镜和一块平凹透镜装在一根管子里制成了一架放大率为3倍的望远镜。到了第二年，他已经可以制造放大率为30倍的望远镜了。也正是在1609—1610年，伽利略把望远镜投向天空，发现了一系列支持哥白尼学说的新"天文景观"，比如月球上的环形山、木星的卫星（最大的4颗）、金星的相位，等等。

　　那时推动显微镜发展的代表人物是英国的胡克与荷兰的列文虎克。胡克，就是发现了弹性定律的那位，他在1665年出版了《显微图谱》。该书谈到了由他发明的复式显微镜及照明系统。同时，因为他通过显微镜观测软木薄片时,发现了一些中空的腔室结构,就像修道院的小房间,便将它们命名为"cell"。这便是"细胞"一词的由来。列文虎克发明了一种单显微镜,就是只有一个短焦距透镜的显微镜。1674年,他发现了鱼类、蛙类、鸟类血液中的椭圆形红细胞和人体血液中的扁圆状红细胞。他还是第一个用显微镜观察到蛔虫、轮虫和一些动物精子的人。他一生留下了200多架显微镜,性能好的放大倍数可达270倍。

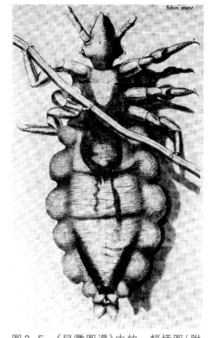

图2-5 《显微图谱》中的一幅插图(附在头发上的虱子)

由此可见,当时就光的本质大致有微粒说与波动说两种理论。光学实践方面,光学仪器的发明和使用方兴未艾。但是在光的颜色理论方面,仍一团混乱,找不到头绪。

光的色散实验

牛顿对光产生兴趣始于1664年,那时他在剑桥大学读书,有一次他到英国一小城斯陶尔布里奇的集市上买了一块三棱镜,可能也做了一点简单的实验,但因为那时他深受笛卡尔光学哲学的影响,并未深入思考,系统的实验是在"奇迹年"开展的。

◆**小知识**

　　"奇迹年"是指科学史上针对牛顿一段独特经历的称谓。1665年夏天，伦敦发生鼠疫，殃及剑桥，牛顿回到家乡林肯郡的伍尔索普。他这次在家乡一共待了大约18个月，收获可不小，无论是数学方面的二项式定理、流数法（微积分），天文学方面的万有引力定律的初步思考，还是光学方面的色散实验，这一时期都有重要突破，故科学史上称牛顿这一段极富创造力的时段为"奇迹年"。

　　牛顿在"奇迹年"进行的光学实验，由于现存资料甚为零碎，完整的资料又是他多年后回忆时叙述的，故很难评论牛顿当时对光已认识到何等程度。目前学界普遍认为，在"奇迹年"那段时间，牛顿至少完成了初步的光的色散实验。他在1672年2月写给英国皇家学会秘书奥尔登伯格的信中回忆道：

　　1666年初，那时我正在磨制一些非球面形的光学透镜。我做了一个三角形的玻璃棱镜，以便试验那些著名的颜色现象。为此，我弄暗了我的房间，并在窗板上开了一个小孔，让适度的太阳光进入房间，然后我把我的棱镜置于光的入口处，使光由此折射到对面的墙上。起初我看到那里产生了鲜艳浓烈的色彩，颇感有趣。经过较周密的考察之后，我惊异地发现它们是长条形的，而根据公认的折射定律，我预期它们的形状应该是圆的。

　　200多年后——1905年，我国的《万国公报》上有一篇文章谈到了这个实验，现在读来颇有趣味：

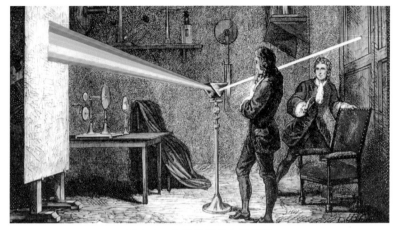

图2-6　牛顿做光的色散实验

光体本白色也,始验白光有七色者,奈端(当时把牛顿译作奈端——引者注)也。奈端于千六百七十二年,即康熙十一年,将窗涂黑,仅留一孔,以逗日光,置三棱玻璃于孔上,而白色俄现诸色,是以明之。

这个实验已经让牛顿意识到,白光可能由不同颜色的光混合而成,但是他担心可能是三棱镜本身造成的这种彩色光带,于是他又进行了另外两个实验。这两个实验很可能是在1668年前后完成的。

首先进行的是光的重新合成实验,这次是在上述实验的基础上,在阳光穿过三棱镜后不远处再设置一个反向的三棱镜,这样彩色的光带又会合成原始的白光映在墙上。

其次进行的实验被牛顿称为"判决性实验"。所谓判决性,就是决定性的意思,按照牛顿的意思,这次实验完全证实了他对光的本性的判断。该实验可认为是前述色散实验的改进版,就是在经过第一个三棱镜后形成的彩色光带中,选择透过一种而遮挡其余颜色,如图2-7这种情形,透过的是黄光,然后让黄光单独穿过三棱镜,结果折射后黄光的颜色没有发生变化,依旧是黄光,而不是白光。牛顿逐一试验了其他颜色的光,结果依然,单色光折射后依然是单色光,并且不同颜色的光折射后的偏折角度(即折射率)不同。

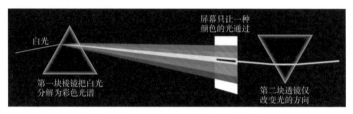

图2-7 牛顿的"判决性实验"示意图

牛顿对这些实验很满意,觉得无懈可击,并确信已经找到了光之奥秘的锁匙,他写道:

自然主义者很少愿意看到(颜色)科学变得像数学,然而我敢断言这门科学中的确定性与光学的其他部分中的确定性是一样的。因为关于这些实验,我所要讲的不是假说,而是最为严格的推理;不是按照以下方式——其所以如此,是因为没有例外,或因为它满足所有现象——推测出来的……而是借助于可直接引出结论的、没有任何疑点的实验来证实的。

牛顿有一句名言"我不杜撰假说"。许多人认为该名言正式"亮相"是在牛顿1687年出版的《自然哲学的数学原理》中。殊不知,在早年的光学研究中,这句话已经成为牛顿的信条了。

牛顿确信，太阳光或白光是由不同颜色的光混合而成的，这是白光"与生俱来"的性质，某种颜色的光具有确定的折射率。对于这一发现，牛顿十分自豪，他在给奥尔登伯格的另一封信中写道："这一发现是迄今为止大自然的作用中最为奇妙的发现，如果不是最重要的话。"

牛顿这些关于光的色散实验表明：白光（太阳光）是由不同颜色的单色光混合而成的；不同颜色的单色光在同一介质中有不同的折射率；单色光的颜色是其固有属性，不会因反射、折射或其他原因而改变。

意义和后续

色散实验的结论在当时的光学研究中非常新颖，它解决了许多问题。比如胡克曾提出他发现了一个过去难以解释的现象：在一透明玻璃杯中盛装适量透明红色溶液，另一透明玻璃杯中盛装适量透明蓝色溶液，把两只杯子重叠放置，然后水平看过去，就会发现并不透明了。牛顿认为，这是因为没有任何光线可以既是红色又是蓝色的，所以当两只玻璃杯重叠时，没有任何光线可以穿过它们。再比如对彩虹的解释，彩虹大家想来都不陌生，如果你细心的话，会发现彩虹的外侧是红色的，内侧是紫色的。前面提到，在牛顿时代，笛卡尔对彩虹颜色的解释有些玄幻，显然是不对的。牛顿的色散实验之后，彩虹颜色之谜才被解开。

夏天的下午最容易看到彩虹，一般是在阵雨之后，天空中还悬浮着一些小雨滴，这时阳光照射过去，对每个小雨滴而言，阳光先要发生一次折射进入其内部，然后在内部经过一次全反射，再经过

图2-8 长虹卧波

一次折射出来。由于折射率的不同,各种颜色的光射出的角度便不同,红光的折射最小,故在下方;紫色反之,在最上。如图2-9所示是处于人眼能看到的上下方极限位置的两个水滴,由于光在水滴内被反射,这样呈现在人眼中的彩虹便是上红下紫了,也即外侧是红色、内侧是紫色。

　　牛顿完成光的色散实验之后,又发明了反射式望远镜。前面提到早在1609年,伽利略便将他的望远镜投向天空。那是一架单筒折射式望远镜,其中凸透镜是物镜。物镜的作用是把远处物体反射的所有光线集中到焦点附近。但是白光是多种单色光的混合物,由于折射率不同,会导致经过透镜后聚焦所成像的位置也不同。这样通过目镜看到的像便会模糊(带有彩色边缘),这便是色差。牛顿意识到,透镜的色差不可消除(直到18世纪英国的眼镜商多朗德发明了消除色差透镜,才解决了此问题),便转向制作反射式望远镜。

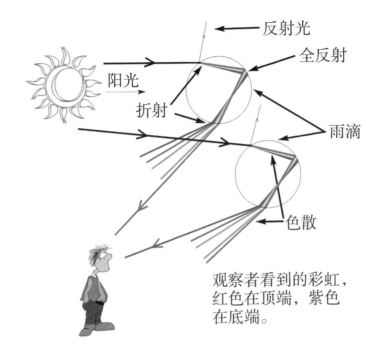

反射光

全反射

阳光

折射

雨滴

色散

观察者看到的彩虹，
红色在顶端，紫色
在底端。

图2-9　彩虹的成因

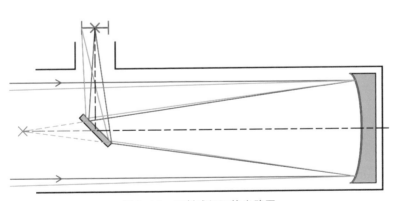

图2-10　反射式望远镜光路图

图2-11　牛顿制作的反射式望远镜

1668 年，牛顿制作了第一架反射式望远镜，口径 2.5 厘米，长度大约为 15 厘米。其原理是，来自遥远天体的光线被凹面镜反射后汇聚，在未到达焦点之前被一小平面镜反射，然后射向镜筒旁的目镜。牛顿像伽利略一样，很快用他的反射式望远镜观看了木星及其卫星，还有金星的相位。

1671 年底，牛顿将他制作的第二架反射式望远镜送给了皇家学会。很快他就收到秘书奥尔登伯格的积极反馈，声称"几位精通光学并具有丰富实践经验的专家看过您的发明后都赞不绝口"。1672 年 1 月 11 日，牛顿当选为英国皇家学会会员。

就光的本性问题，牛顿一生坚持粒子说，他认为光是沿直线运动的粒子流。而惠更斯认为光是一种机械振动波，坚持波动说。牛顿与惠更斯到底谁正确，光究竟是粒子还是波，我们将在第三章的"一分为二显神奇——托马斯·杨的双缝干涉实验"中再探讨这一问题。

光线偏折——广义相对论的验证

这是一部电影的序幕。1919年,西非的普林西比岛,两位中年男子在指挥几个人利用滑轮向山上运输货箱。货箱上印着"(英国)皇家天文学会"的字样。"小心点!慢点!"声音此起彼伏,因为货箱里装的是望远镜。镜头很快转向另一个场景:深夜,外面下着大雨,两个男子中矮胖的一个从一顶帐篷内跑出,跑入另一顶帐篷内,与一个瘦高男子展开对话:

矮胖男:"恐怕是个坏消息,照相版都损坏了!因为过于潮湿,储存得不是很妥当。"

瘦高男:"所有吗?"

矮胖男:"只有8个还能用。"

瘦高男:"那我们就只有8张照片了。"

矮胖男:"如果明天天气还不好转的话,我们就一个也没有了。"

瘦高男:"如果明天两点一刻,云雾能散开,我们观测天空,拍下日全食照片,我们将成为业内科学家,将会观测到现实的诗意。如果爱因斯坦是对的,宇宙将不再是从前的样子了。"

矮胖男:"那雨得停了啊,是吧?"

说完,两人对视而笑。你一定想知道,他们在干什么?第二天到底是否晴朗?后续又如何?别着急,这一节的故事我们就围绕他们二人展开。这部电影的名字叫《爱因斯坦与爱丁顿》,序幕中的瘦高男是英国天文学家爱丁顿,矮胖男是英国另一位天文学家戴森。他们在那一年——1919 年,做了一件惊天动地的大事,通过日全食进行了一场验证实验,结果让另一人一夜成名。成名者何人? 正是爱因斯坦。

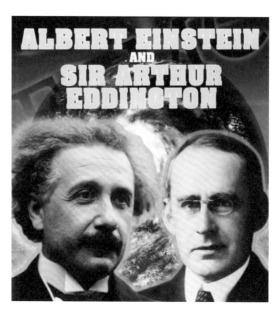

图 2-12　爱因斯坦与爱丁顿

创立广义相对论

在上一节我们提到了牛顿因躲避瘟疫回到家乡 18 个月所创造的"奇迹年",在科学史上还有一个"奇迹年"发生在爱因斯坦身上,那是 1905 年。这一年,爱因斯坦共发表了 5 篇论文,在物理学的三个领域均做出了重要贡献。3 月,他完成了一篇关于光量子的论文,这是他后来获得诺贝尔奖的"入场券"。4—5 月,他完成了 2 篇有关布朗运动的论文,该论文提出了测定分子大小的新方法,为后来证实原子的实在性奠定了基础(当时有许多一流的科学家都不认为原子真实存在）。6月和9月，他又发表了2篇有关狭义相对论的论文，这标志着相对论的诞生，其中后者基本是前者的推论，得出了著名的质能方程：

$$E = mc^2$$

在人类的所有认知活动中，科学事业的普适性最强。比如牛顿的万有引力定律，不但不会受到人世间性别、民族、国别的影响，而且在太阳系、银河系乃至整个宇宙均适用，故称之为普适的。自然科学家通常都有一种与生俱来的品格或信念，即试图从局域性的原理或定律推广到更一般的领域中。广义相对论对狭义相对论的发展正是如此，这从它们的英文原文也可以窥见一斑：狭义相对论，special relativity；广义相对论，general relativity。直译的话就是特殊相对论与一般相对论，正与追求普适性之意相吻合。

自1905年爱因斯坦创建狭义相对论之后，他对该理论一直"不满"。狭义相对论的两条基本原理，无论是"狭义相对性原理"还是"光速不变原理"，都有一个前提：在惯性参考系下。那么能不能抛弃具有特殊地位的惯性参考系，找到更具普适意义的相对论呢？这里的突破口是牛顿的万有引力定律，因为万有引力定律处理的是加速运动问题，是非惯性系，与狭义相对论无涉。爱因斯坦在1907年发现了这个突破口，1922年他在日本京都大学的一次演讲中回忆了当时的情形：

我坐在伯尔尼专利局的椅子上，突然想到，当一个人自由下落时，他将感受不到他自身的重量。我惊愕不已。这个简单的想法深深地震撼了我,它领我走向了引力理论。

这里指的是他发现了著名的等效原理。这是迈向广义相对论的重要一步,确切的提出时间是 1907 年 12 月 4 日。当日,他提交了一篇论文《相对论原理及其结论》。爱因斯坦对这个突破口很满意,称这是他"一生最得意的想法"。

◆小知识

等效原理。假设把你置于地球上一个密闭空间内,你手里拿一把锤子。这种情况下,你会像往常一样感受到重力;若把锤子放开,它会呈自由落体落下。现在假设把你置于外太空(星际空间,那里没有重力)的一个密闭空间内,锤子仍在手中,然后让该空间以加速度 g 飞行。这时你会和在地球上一样感受到相同的重力(压向密闭空间的地面),放开锤子后,它和在地球表面一样以加速度 g 落向密闭空间的地面。这两种情况对你和锤子而言是等效的,或者说你无法通过力学实验判断你是处在地球表面还是处在外太空做匀加速 g 的物体内。或者说,以锤子为例,它落到地面是由于地球引力,与在外太空时,由加速运动引起的表观力,也即惯性力是等效的。这样,在均匀引力场中的所有物理过程,都等效与在没有引力场的匀加速参考系中发生的那些物理过程。

1916 年 3 月 20 日,爱因斯坦提交了《广义相对论基础》,这是关于广义相对论的第一篇总结性的论文,标志着广义相对论正式诞生。在这篇论文的最后,爱因斯坦指出了针对广义相对论的三个预言:在太阳引力场中的光线偏折、引力红移和水星近日点进动。

这里我们只谈针对第一个预言的验证实验。

爱因斯坦意识到可以通过光线偏折验证广义相对论的想法萌发于 1911 年, 当时他正担任布拉格德意志大学的理论物理讲座讲授。他在 1923 年回忆说:

> 正是在布拉格, 我找到了发展这个基本思想的关键所在。在万尼克那大街的布拉格德意志大学理论物理研究所静谧的房间里, 我发现了等效原理蕴含着太阳旁边经过的光线会发生可观测到的偏折。

1911 年 6 月 21 日, 爱因斯坦提交了一篇论文《关于引力对光线传播的影响》, 他在论文中首次预言了经过太阳附近光线的引力弯曲可以通过天文观测来证实, 只是当时他还没理解空间也是弯曲的, 故计算值有误。

爱丁顿的验证实验

为了更好地理解爱丁顿进行的光线偏折实验, 这里先介绍一下相关原理, 这对后面的理解很有帮助。美国理论物理学家惠勒有一句话精辟、通俗地概括了广义相对论:时空告诉物质如何运动, 物质告诉时空如何弯曲。一个物体质量越大, 其周围的时空就越弯曲。

太阳拥有很大的质量, 在整个太阳系中, 它的质量约占 99.8%。广义相对论预言, 经过太阳周边的光线会弯曲。但如何验证呢? 简单讲, 就是要通过望远镜对比在有无太阳时某一恒星前后位置的变化。没有太阳时好办, 选好参考恒星, 在夜晚拍照即可。但有太阳时拍照就比较麻烦，因为恒星会淹没在太阳耀眼的光芒中。不过，日全食恰好提供了这样一个机遇，因为在日全食的全食阶段，天空会暗下来。两相对比，就能计算出光线偏折的角度了。

从1911年爱因斯坦提出光线偏折可通过天文观测验证，到1919年爱丁顿完成验证，为何需要这么长时间？首先，遇到合适的日全食机会并不多。对地球上任一地方而言，发生两次日全食的时间间隔平均要超过200年。何况日全食发生时其实是一条窄窄的影带（月球在地球投影的运动轨迹），许多时候还是发生在远离大陆的大洋上，可以说能够观察到的机会不多。其次，在爱丁顿验证之前的1914年，有过一次验证机会，但没能成功。

那是1912—1913年，德国一位天文学家费罗因德里希与爱因斯坦联系，他希望带领团队到俄国的克里米亚去，因为1914年8月

图2-13　日全食

21 日那里将发生日全食。爱因斯坦也踌躇满志，张罗着给这一团队筹集资金。1914 年 7 月 19 日，费罗因德里希的团队出发了。不幸的是，7 月底第一次世界大战爆发，德国是同盟国阵营，俄国是协约国阵营，团队成员被俄国方面抓进了监狱，日全食观测之事自然泡汤了。还好，过了一阵子，德国释放了几名俄国战俘，作为交换，费罗因德里希的团队返回了德国，但此时已经是 9 月了。

　　1915 年 11 月，爱因斯坦重新修正了之前计算得到的星光经过太阳时发生的偏折角，这次为 1.74 角秒（1 角秒为 1 度的 1/3600）。而牛顿理论的预测值是 0.87 角秒，仅为爱因斯坦预测值的一半。

　　爱丁顿当时是英国皇家天文学会的秘书，由于第一次世界大战还在进行，英、德两国是敌对国，故爱因斯坦的理论并非直接传到爱丁顿那里，而是通过中立国荷兰的天文学家德西特——他把爱因斯坦的论文寄给了英国皇家天文学会，才引起了爱丁顿的注意。1917 年，爱丁顿和另一位英国天文学家戴森产生了共鸣，于是商定利用 1919 年 5 月 29 日发生的日全食进行观测。这次日全食将掠过巴西局部地区，穿过大西洋全境，到达非洲大陆。

　　爱丁顿做了充分准备，1919 年 1—2 月，他在夜间对毕宿的恒星进行了基准测量，因为 5 月的日全食太阳将越过毕宿，随后只需要把当时拍摄到的照片与提前拍到基准照片进行对比、计算就可以了。

　　1919 年 3 月，英国方面派出了两支队伍前往日食区域。爱丁顿带领的一队前往非洲几内亚湾的普林西比岛，戴森带领的另一队前往巴西的索布拉尔。这里回应一下文章开头提到的电影《爱因斯坦与爱丁顿》的序幕，当时爱丁顿与戴森不可能同行，因为他们分属于两个目的地不同的团队。不过毕竟是电影作品，允许一定程度上的"艺术加工"。在临行之前，爱丁顿的同行者科廷厄姆问戴森："如果他们获得的结果是爱因斯坦预言的两倍，该怎么办？"戴森回答说："那样的话，爱丁顿会发疯，然后你独自回来。"

并非如电影序幕表现的那样，前一天爱丁顿在普林西比岛遭遇了暴雨。暴雨是日食当天早晨下的，估计当时爱丁顿想死的心都有了。不过说来也巧，在全食阶段开始前，云开雾散，终于可以看到日食了。爱丁顿在日记中写道：

大约下午1点半，当偏食阶段很好地出现时，我们开始瞥视太阳。在1点55分，我们几乎能够透过云层连续地看见那个月牙状的太阳，而且一大片光亮的天空也开始出现。我们该实施我们的照相计划了！由于一直忙于切换感光版，除了看一眼它确实已经出现之外，我没有观看日食……我们拍了16张照片……但是云层严重妨碍了我们拍摄星象。

46

◆小知识

全食阶段，这里指的是日全食发生过程中从食既，经过食甚，到生光这三个阶段。简单说，就是太阳被月球完全遮挡住的过程。对1919年这次日全食而言，全食阶段超过6分钟，是20世纪持续最长的日全食之一。

在索布拉尔的团队遇到了极好的天气，他们利用主望远镜拍摄了19张照片，利用小的备用望远镜拍摄了8张。但是后来发现主望远镜的 19 张照片的清晰度受到严重影响,无法利用,原因是当地酷热的天气导致仪器发生了变形。好在小望远镜拍的 8 张非常清晰。再回应下开头的电影序幕,"8 张照片"是有事实依据的,只是具体细节与事实有出入。

1919 年 9 月,爱丁顿得出了初步结果。11 月 6 日,英国皇家学会与英国皇家天文学会联合会议在伦敦皮卡迪利大街召开,会议主席是大名鼎鼎的皇家学会主席 J.J. 汤姆逊。会上戴森介绍了日食观测的结果:普林西比岛团队观测到的光线偏折角度为 1.61 ± 0.30 角秒,索布拉尔团队的数据为 1.98 ± 0.12 角秒。他宣布:"奔赴索布拉尔和普林西比的远征队所得到的结果令人信服地证明,光在太阳附近的确发生了偏折,而且偏折的量与爱因斯坦广义相对论所要求的一致。"

这的确是科学史上的伟大贡献,主持会议的 J.J. 汤姆逊激动地总结道:"这一结果是人类思想史最伟大的成就之一。"第二天,英国《泰晤士报》刊载了爆炸性的新闻标题:科学的革命! 宇宙的新理论! 牛顿的理论被颠覆!

微信扫码

看科学实验小视频高效学习
添加学习助手获取服务

图 2-14　1919 年 11 月 22 日《伦敦新闻画报》刊载的图解

说明：该版报纸图示了从巴西索布拉尔观测到的日全食情况。左侧示意的是日全食时遥远恒星的光线经过太阳时发生的偏折，顶部两颗恒星中：右边是视觉看到的恒星位置，左边是恒星实际的位置。右上角显示了在太阳对周围（视觉效果上）恒星光线的影响，（视觉上）越靠近太阳者，对光线偏折的影响越大。右侧中部是全食带示意图。右下角是日全食时拍摄到的日冕。

经受住了历史的检验

前文提到 1916 年爱因斯坦提出的广义相对论的三大验证：在太阳引力场中的光线偏折、引力红移和水星近日点进动。下面对后两个略作说明。

先说水星近日点的进动问题。早在开普勒时代,科学界已经知道行星的运行轨迹是一个椭圆。但是对内行星水星而言,它每绕太阳转一圈,这个椭圆便会变动,导致水星的近日点(距离太阳最近处)有一个持续的变动量。19世纪时,天文学家已经得出结论,利用牛顿理论计算出的值与实际观测值之间有一个差值:每百年43角秒。1915年11月18日,爱因斯坦提交了一篇论文《以广义相对论解释水星近日点进动》,计算得出的结论与观测值完全吻合,一举解决了困扰天文学界几十年的问题。在广义相对论看来,水星近日点进动问题的实质是水星距离太阳最近,受到太阳引发的时空弯曲也最大。

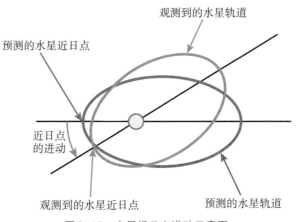

图2-15 水星近日点进动示意图

另一个是引力红移的预言。引力红移,指的是引力场中光线颜色的改变。广义相对论指出,时空弯曲会使时间进程变慢,时空弯曲得越厉害,时间进程越慢,会使处在其中的光线频率减小,也即波长变大,在光谱上的表现就是向红端移动,故称为红移。早在

20世纪60年代,美国的杰弗逊物理实验室就已经定量确证了引力红移。2018年,德国马克斯·普朗克地外物理研究所考察了恒星S2在经过银河系超大质量黑洞人马座A*最近位置时发生的引力红移,与广义相对论的预言完全一致。

图2-16 黑洞吸引太空物质

当然,广义相对论还经受住了其他许许多多的考验,最终站稳了脚跟。回望爱丁顿的光线偏折验证实验,不禁想起他改写的一首诗,其中几句是:

让我们去检验、测量/至少一件事可以确定:光有重量/此事已定,其他待考量/光线靠近太阳时,偏折了方向

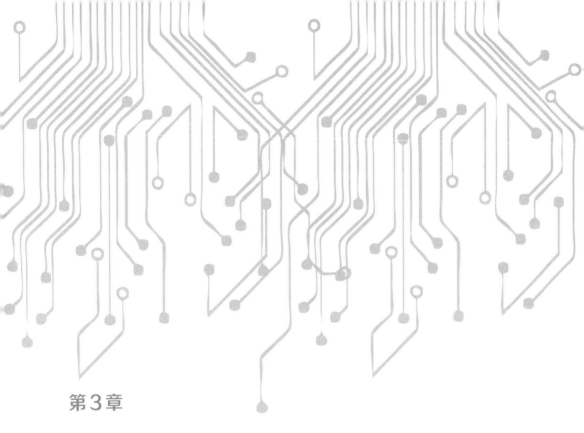

第3章

实验设计之美

  实验设计,简而言之就是实验实施的蓝图,包括实施的设想、方法、程序、途径等。实验设计是实验问题的深入,是获得实验结果的不二法门。实验设计固然有许多原则要遵循,但实验设计之美,贵在巧。所谓"巧",无非以下几种:仪器之巧,能起四两拨千斤之效;方法之巧,能有一锤定音之功;思路之巧,可察微观之毫末;技术之巧,犹如神助毕其功。在巧妙的实验设计面前,大自然会毫不吝啬地吐露她隐藏的"真言"。本章的四个故事讲述了科学实验的设计之美:卡文迪许用扭秤实验获知了地球的质量;托马斯·杨巧用双缝干涉实验复兴了光的波动说,从而为认识光的波粒二象性奠定了基础;密立根巧设油滴实验精准测定基本电荷;薛其坤团队凭借精湛的实验技术,终于发现量子反常霍尔效应。

第一次"称量"地球——卡文迪许的扭秤实验

尽管现在人类"可上九天揽月，可下五洋捉鳖"，但我们对地球的了解，其实还非常有限。大家知道地球的半径有 6300 多千米，赤道略鼓一点，两极略扁一点。2018 年 5 月 26 日，位于我国黑龙江安达市的亚洲最深大陆科学钻井——松科二井正式完井，钻探井深达到 7018 米。看起来惊人，实际上这一深度大概只是地球半径的千分之一多一点。人类对地球的了解和认识经历了漫长的岁月，早在公元前 3 世纪，古希腊的自然哲学家埃拉托色尼便通过简单的实验推算出了地球的周长，得到了与现在大约只相差 10% 的结果（也有说误差更小一点）。这是人类第一次获得对地球大小的直观感受。那么地球的质量有多大呢？这个问题是由 18 世纪英国的物理学家、化学家卡文迪许通过实验解决的。

卡文迪许其人

多亏了蜚声世界的卡文迪许实验室，否则估计很少有人会听说卡文迪许这个名字。剑桥大学的卡文迪许实验室成立于 1874 年，是为了纪念卡文迪许而命名的，但那时卡文迪许已经过世 64 年了，实验室的创始人是著名的物理学家麦克斯韦。无论是麦克斯韦的继任者，还是该实验室的研究人员，都给实验室增添了无上荣耀。截至 2019 年 11 月,该实验室一共产生了 30 位诺贝尔科学奖得主。

回过头来谈谈历史上性格怪异但科学成就非凡的卡文迪许。卡文迪许生于名门,他的祖父和外祖父都是公爵。他不到两岁时母亲便去世了,由父亲抚养长大,先是在一所私立学校读书,后来进入剑桥彼得豪斯学院读书,3 年后离开那里,并没有获得学位。在父亲的熏陶下,他参加了英国皇家学会的许多活动,因此培养了对自然科学的兴趣。由于家道殷实,他很快拥有了自己的实验室,开展了一系列卓有成效的研究工作。他的父亲查尔斯·卡文迪许早年是英国皇家学会的会员,1757 年因为在温度计上的贡献被皇家学会授予了科普利奖章。父亲的言传身教,深深影响了卡文迪许。

卡文迪许太低调了,低调到了有些病态的程度,或者说他在社交上有相当程度的障碍或恐惧。正因为如此,一些有关他不善社交的故事广为流传。美国作家比尔·布莱森在其趣味科学史著作《万物简史》中谈到一则有关卡文迪许的故事:

有一回,卡文迪许打开房门,只见前面台阶上立着一位刚从维也纳来的奥地利仰慕者。那个奥地利人非常激动,对他赞不绝口。卡文迪许听着这些赞扬,仿佛挨了一记闷棍;接着,他再也无法忍受,顺着小路飞奔而去,连门也顾不得关上。几个小时以后,他才被劝说回家。

卡文迪许经常与仆人通过留在大厅的便签交流信息,对女仆

图3-1　卡文迪许

人更是注意回避，以免直接碰面。有一次他在楼梯上与一名女仆"狭路相逢"，他非常愤怒，于是决定在房屋的后侧另增设一个单独供他上下的楼梯。他终生未娶，全身心献给了他钟爱的科学事业。按说在卡文迪许时代，给后人留下肖像画并不是什么困难的事，但卡文迪许无心于此，以至于目前仅留有一张他的侧面影像，据说还是画师趁卡文迪许不注意时速写而成。

　　卡文迪许在科学上做了许多重要的实验，取得了许多重要成果，除了后面我们集中要谈的扭秤实验外，主要集中在气体研究和电的研究两个领域。

　　在气体研究中，他对氢气进行了深入研究。英国化学家波义耳之前曾制备过氢气，而卡文迪许通过锌、铁、锡等金属与酸反应制备了氢气——当时被称为"易燃气体"。他还发现，无论用何种酸溶解金属，只要金属的量一定，产生易燃气体的量就相等。此外，他还测定了这种易燃气体的密度。不过，令人遗憾的是，受当时学界盛行的"燃素说"的影响，卡文迪许错误地认为氢气来自金属中的燃素，现在我们知道，氢气来自酸中的氢离子。此外，卡文迪许沿用了之前英国化学家约瑟夫·布莱克的方法制备出了二氧化碳——当时被称为"固定气体"（因为最初制备二氧化碳是通过焚烧石灰石产生的，人们以为二氧化碳是固定在其中的气体），并且测定了二氧化碳的密度。

卡文迪许在电学上做了许多一流的工作，可惜发表得太少了。以至于后来麦克斯韦整理他的电学研究资料时才发现，库仑定律、欧姆定律和法拉第有关电势的某些工作均是卡文迪许研究的重新发现。

纵观卡文迪许的一生，他最重要的工作就是晚年进行的"称量"地球的扭秤实验，单凭这一项成就，就足以名垂青史了。

扭秤实验

卡文迪许"称量"地球使用的扭秤实验思想来源于他的一位朋友米歇尔。这位米歇尔是一个多面手，在天文学、地质学、地震学等领域均有建树，他设计了扭秤实验的思路和基本装置，可惜"出身未捷身先死"，好在他将仪器留给了卡文迪许。卡文迪许在1797—1798年完成了实验并发表了结果。

实验装置的示意如图 3-2 所示，之所以称为"扭秤"，是因为其核心装置是用金属丝悬吊起来的一架"天平"。"天平"是由 1.8 米长的木棒以及两端各固定一个直径 2 英寸（约 51 毫米）、重 1.61 磅（约 0.73 千克）的铅球（图中 m）组成。然后再将两个直径 12 英寸（约 300 毫米）、重 348 磅（约 158 千克）的铅球（图中 M）利用独立的

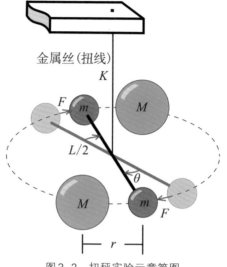

金属丝(扭线)
K

F
m
M
L/2
θ
M
m
F
r

图3-2　扭秤实验示意简图

悬吊系统置于上述两小球的附近（四球的重心在一个水平面上），使每对大小球的距离为9英寸（约230毫米）。

　　由于大小球之间万有引力的存在，两个小球便会在水平面内进行顺时针旋转，与此同时悬吊的金属丝会产生反方向的扭矩，最终在小球转过角度θ后达到新的平衡。新的平衡也就意味着两力矩相等，这样就会形成等式，从而得出未知量。

　　我们以靠近我们的小球为分析对象，它在水平面内垂直于木棒方向受到两个大球的引力，其中受近处大球（左侧）的引力根据万有引力公式得：

$$F_1 = G\,\frac{Mm}{r^2}$$

　　靠近我们的小球受到后侧大球的引力所产生的扭矩与 F_1 产生的方向相反，而且还是两者万有引力的一个正弦分量（垂直于木棒），所以有万有引力 F_2：

$$F_2 = G \frac{Mm}{\sqrt{r^2 + L^2}^2} = G \frac{Mm}{r^2 + L^2}$$

其正弦分量 F_3：

$$F_3 = F_2 \frac{r}{\sqrt{r^2 + L^2}} = G \frac{Mmr}{(r^2 + L^2)^{3/2}}$$

因此小球受到的万有引力合力为：

$$F_合 = F_1 - F_3 = G \frac{Mm}{r^2} \left(1 - \frac{r^3}{(r^2 + L^2)^{3/2}} \right)$$

令 $1 - \frac{r^3}{(r^2 + L^2)^{3/2}} = \beta$，则：

$$F_合 = G \frac{Mm}{r^2} \beta$$

设金属丝的扭转系数为 K，则达到新的平衡后产生的扭转力矩为 $K\theta$，万有引力产生的扭矩为 $F_合 L$，则有：

$$K\theta = F_合 L = G \frac{Mm}{r^2} \beta L$$

在这一等式中，除了万有引力常数 G 之外，其余均是已知量或可测的已知量。所以在许多教科书或科学史读物中均声称，卡文迪许当年测定了万有引力常数 G。这一说法其实不对，他当年直接测定的不是 G，而是地球的质量。他在 1798 年发表了论文《测定地球密度的实验》。有了密度，乘以体积便是地球的质量，这合情合理。卡文迪许当时只是做了一个小的转换，他根据：

$$mg = G \frac{M_地 m}{R^2} \Longrightarrow g = G \frac{M_地}{R^2} \Longrightarrow G = \frac{gR^2}{M_地}$$

其中 R 为地球的半径,代入前面含 G 等式,则有:

$$M_{地} = \frac{gR^2 MmL\beta}{K\theta r^2}$$

地球的质量有了,再根据球体体积公式,相除便得到地球的密度,这便是卡文迪许当初写论文的思路。他最终测得的地球平均密度为水的 5.448 倍(论文出现了一个计算错误,结论是 5.48),即每立方厘米 5.448 克,而现在的测量值是水的 5.51 倍,仅有 1% 的误差。

虽然实验原理和思路说清楚了,但该实验真正做起来却十分困难。首先,大家知道万有引力非常微弱,必须尽可能地消除干扰,特别是气流的影响。在目前所知道的四种力(强力、弱力、电磁力和万有引力)中,万有引力是最弱的。

不妨计算一下一个 50 千克的人与一个 70 千克的人并排坐时两人间的万有引力,他们的间距计作 0.5 米,算下来万有引力约为 10^{-6} 牛,这仅仅是 50 千克那个人重量的约 2×10^{-9},由此可见万有引力之弱。

卡文迪许把实验装置放在一个木箱中,然后把木箱置于一个密闭室内,以避免干扰。

其次,在系统达到新的平衡后,木棒转过的角度 θ 会很小,准确测量有难度。卡文迪许想到一个利用镜子的好办法。笔者小时候做过镜子的游戏,就是一个小伙伴在阳光下手拿镜子,把阳光反射到一面背阴的墙上,几个小伙伴去"捕捉"墙上的光斑。结果是徒劳的,因为拿镜子的那个小伙伴只需要把镜子稍微转一个角度,墙面上的光斑便会移动很大的距离。卡文迪许正是利用这个原理改进了实验。他在金属丝上固定一面镜子,然后在系统最初状态射

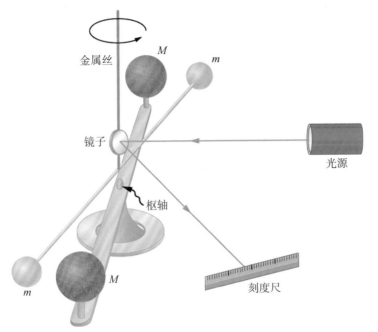

图 3-3　扭秤实验示意图

到镜子上一束光线,经过反射光线会落在远处刻度尺的某一位置。待系统达到新的平衡后,由于金属丝发生了扭转,原来反射后的光线会落到刻度尺的另一个位置,两位置与镜面中心所成夹角,便是金属丝转过的角度 θ。

　　最后再回过头来说说万有引力常数 G。这是卡文迪许当时实验的自然结果,根据当时的数据推算他得出的 G 值为 $6.74 \times 10^{-11} \mathrm{m}^3 / (\mathrm{kg} \cdot \mathrm{s}^2)$,该值与现代值相差 1%。这一精度直到大约 100 年后才得到修正。目前世界上 G 值最精确的测量结果是由我国华中科技大学罗俊院士的团队在 2018 年测得的,他们用两种不同方法测得的 G 值分别为 $6.67418 \times 10^{-11} \mathrm{m}^3 / (\mathrm{kg} \cdot \mathrm{s}^2)$ 和 $6.674484 \times 10^{-11} \mathrm{m}^3 / (\mathrm{kg} \cdot \mathrm{s}^2)$。

一分为二显神奇——托马斯·杨的双缝干涉实验

在人类探索自然奥秘的过程中，极少有像探索"光"这样坎坷并富有戏剧性的历程。特别是从惠更斯、牛顿时代以后，光的波动说与粒子说两派各有拥趸，"纠缠厮杀"、互不相让。到了20世纪，才由光的"波粒二象性"一统山河，至此人们才知道光既有波动性，又有粒子性，这两者相当于一枚硬币的两面。在这瑰丽的探索道路上，托马斯·杨的双缝干涉实验尤为耀眼，它是光的波动说发展史上的一块里程碑，其设计之巧妙令人叹为观止。

早期的"厮杀"

先说一个远在先秦时期的光学故事。2016年中国科学院自然科学史研究所公布了中国古代88项重要科技发明创造，其中有一项便是战国时期墨家学派的"小孔成像"。

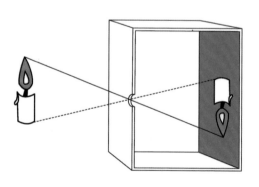

图3-4　小孔成像示意图

什么是小孔成像呢？在一物体与屏幕之间放置一开有小孔的挡板，会发现在屏幕上形成了一倒立的物体实像。这种现象最早记载在战国时的《墨经》中，而且还给出了正确解释，就是光是沿直线传播的。现在看起来这非常简单，但在当时能有这样的认识很了不起，因为直到 10 世纪，阿拉伯学者海什木才得出同样的结论。由于《墨经》是先秦的文献，解读起来比较困难，有关光学部分是物理学家、科学史家钱临照院士在 20 世纪 50 年代阐释的。

让我们回到 17 世纪的欧洲，因为从那个时代开始，对光学的研究才有了系统性，其中产生了针锋相对的两派：以牛顿为代表的粒子派和以惠更斯为代表的波动派。

从年龄上看，惠更斯要比牛顿大 14 岁，但在光学研究方面，牛顿起步要比惠更斯早。1665—1666 年，牛顿在家乡乌尔索普躲避剑桥的鼠疫期间，

图 3-5　惠更斯

便完成了著名的光的色散实验，证明了白光是一种复合光。这是牛顿研究光学的开始。大约在 1675 年前后，牛顿逐步形成了光的粒子说，他认为光是由极小的微粒组成的粒子流。粒子说比较容易解释光的直线传播、反射和折射现象，比如折射就是粒子穿到另一种介质中去了。但是在面对比如几束在空间交叉的光线可以彼此互不干扰地独立前进、衍射等现象时，粒子说就显得有些力不从心了。

惠更斯的波动说则认为光是一种机械波,这种机械波由光源的振动引发,振动的载体是一种叫"以太"的弹性媒介。波动说比较容易解释光的衍射,也能解释光的折射与反射,但无法解释光的双折射现象。双折射现象说明光在不同方向上有不同性质,波动说很难给予完美解释。

◆小知识

什么是双折射?1670年,丹麦一位科学家发现用方解石(冰洲石)观察物体时,将看到双重的像。原来是因为光线进入方解石后分裂为两条沿着不同方向的折射线,一条遵从折射定律,另一条不遵从,故称为双折射。

图3-6 透过方解石看到的重影(双折射)

这便是17世纪光学研究中的困境,两派各持一端,并且均有一定的依据。不过由于牛顿当时的地位和声望,使得粒子说在很长时间内占了上风。

双缝干涉实验——波动说的复兴

托马斯·杨是一位传奇人物,他拥有广泛的兴趣,但绝不是那种广而不深的人,而是那种若涉猎便是大师的人,威斯敏斯特教堂内他的墓志铭上写着：一位在人类学问的每一个领域都同样杰出的人。这绝不是什么溢美之词。他的语言天赋尤值得一提，在他19岁之前，已可以流利使用13种语言。1813年，他尝试破译罗塞塔石碑上的文字，第一个破译了"托勒密"及一些象形文字符号，为后来法国历史学家商博良的工作奠定了基础。

1801年，托马斯·杨在一篇论文中首次提出"干涉"的概念，并合理解释了"牛顿环"现象。这里需要对牛顿环做一解释，1675年牛顿在研究光学时发现一个现象，他把平凸透镜（一面为凸面，一面为平面）置于一块平板玻璃上，用平行的单色光垂直照射时，便会看到以接触点为圆心的间距不等的同心圆环。这一现象是牛顿首次发现的，故后来称其为牛顿环，但由于牛顿持光的微粒说，并未对此给出正确解释。托马斯·杨认为，这是由不同界面反射出的光互相重合而产生"干涉"的结果，相位相同的振动叠加起来就互相加强，相位相反的叠加起来则互相抵消。1803年，托马斯·杨完成了经典的双缝干涉实验，首次用干涉原理解释了衍射现象。

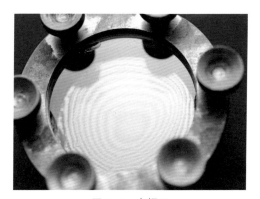

图3-7　牛顿环

让一束光线照射一块遮光板，在遮光板上开设两条相距不远的狭缝（或两个小孔），经过遮光板后，两束光线在后方屏幕的重叠区域形成了一系列稳定的明暗相间的条纹。这种现象用光的微粒说完全无法解释，因为如果光是粒子流的话，在重叠区域应该更亮才是,怎么可能出现明暗相间的条纹呢?在暗条纹区域,光粒子跑哪里去了呢?托马斯·杨用光的干涉原理很好地做出了回答:通过狭缝后的两列波到达屏幕上某一点时,由于路程存在差异,如果是波峰与波峰或者波谷与波谷相遇,振动就加强,该处出现亮条纹;若是波峰与波谷相遇,振动就减弱,该处出现暗条纹。定量言之,两相邻亮(或暗)条纹的间距为:

$$\Delta x = \frac{L\lambda}{2d}$$

可见,只要知道了干涉条纹的间距 Δx,实验装置中的 L、d,就可算出所用光的波长 λ。托马斯·杨利用该公式计算出了各种颜色光的波长。

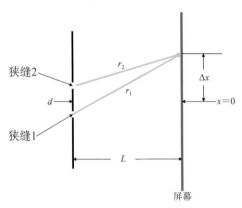

图3-8　双缝干涉示意图

双缝干涉实验最大的意义是直接复兴了光的波动说,使得波动说从牛顿粒子说的巨大阴霾下解脱出来。爱因斯坦对光的波动理论有很高的评价,认为它在牛顿物理学中打开了第一个缺口。托马斯·杨的双缝干涉实验在其中扮演了重要角色,它不是光的波动性的一般验证实验,而是光的波动性一个判决性实验。

什么是判决性实验呢？通俗地讲,判决性实验就是针对两种针锋相对的竞争性理论能够给出"一锤定音"式结论的实验。双缝干涉实验就是如此,无论如何它用粒子说解释不了,却直接支持了光的波动说,因此说它就是判决性实验。但判决性实验有时并不能一劳永逸地起到终审"判决"的作用,主要因为对科学假说的检验和验证需要历史过程,这样判决性实验就有了其历史阶段性。双缝干涉实验直接复兴了光的波动说,但不能就此认为光就是一种波。因为到了 20 世纪,人类对光的认识又发生了重大变革。

光的波粒二象性

19 世纪末、20 世纪初,光电效应引发了人类对光的重新认识。光电效应是指,在光照情况下,金属表面向外发射出电子的行为。当时,德国的赫兹和勒纳德在研究光电效应时遇到了棘手的问题,怎么回事呢？原来,光电效应中有几个现象让人无法理解:首先,出射电子的动能只与入射光的频率有关,而与入射光的强度无关;其次,每种金属都存在着一个临界频率,小于该频率的入射光,无论强度多大,均不会发生光电效应;最后,只要入射光的频率大于临界频率,瞬间就会发射电子,而与入射光的强度无关。如果按照经典的电磁理论,入射光提供了电子从金属表面电离所需的能量,只要光的强度足够,任何频率的光都应该打出电子来,而且当光比较弱时,需要花费一定的时间积累能量才能打出金属表面的电子,不可能瞬间就发射。

看来,我们需要对光的波动性进行重新认识。1905 年,爱因斯坦受1900年普朗克提出的"量子"假说的启发,大胆引入了"光量子"的概念(1926年,美国物理化学家刘易斯将之简称为光子),从而成功解决了光电效应面临的困境。光量子概念是指光不但在发射和吸收时具有粒子性,在空间传播时也具有粒子性,一束光就是一粒一粒以光速运动的粒子流,这些光粒子就是光量子,每一个光量子的能量为:

$$E = h\nu$$

其中h为普朗克常数,ν为光的频率。

这就是光量子能量方程。在"光量子"假说下,光电效应可以得到如下解释:当频率为ν的单色光照射金属时,能量为$h\nu$的光子被电子所吸收,其中一部分作为电子从金属表面逸出需要克服的逸出功A,另一部分则是电子离开金属表面的初动能,根据能量守恒定律有:

$$\frac{1}{2}mv^2 = h\nu - A$$

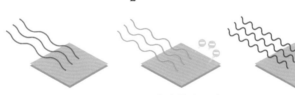

图3-9 光电效应示意图

说明:从左至右依次是用红光、绿光和蓝光照射金属表面的情况示意。红光频率小于临界频率,故无法从金属表面射出电子。绿光和蓝光的频率均大于临界频率,故可以射出电子。蓝光较绿光的频率大,射出电子的动能也就越大,也即速度越大。

这便是著名的爱因斯坦光电效应方程。从该方程可知,逸出电子的初动能与入射光的频率有关,而且必须满足一定条件,即

$h\nu > A$。如果入射光的频率达不到一定条件,则无论强度有多大,也不会逸出电子。此外,电子吸收一个光子并获得能量是同时的,不需要时间积累,因此瞬间就可逸出。这样,前面难以解释的困惑就迎刃而解。

更绝妙的是,根据光子的能量方程($E = h\nu$),爱因斯坦的质能方程($E = mc^2$)以及 $c = \lambda\nu$ 可以得出光子的动量:

$$P = mc = \frac{h}{\lambda}$$

其中 λ 为波长。

注意这里的 P 是光的粒子性具有的物理量,而 λ 是光的波动性表征的物理量,两者竟然通过普朗克常数 h 联系到了一起。换一句话说,就是通过爱因斯坦的光电效应方程,不仅解释了光的粒子性,而且内蕴了光的波动性,也即光的波粒二象性。爱因斯坦正是凭着对光电效应的研究而获得了 1921 年的诺贝尔物理学奖。

图3-10 生活中的光

从牛顿的粒子说、惠更斯的波动说,到托马斯·杨的双缝干涉实验,再到爱因斯坦对光电效应的完美解释,人类对光的认识,也螺旋式地上升到了新的境界:光既有粒子性,也有波动性。

基本电荷的测定——密立根的油滴实验

图3-11　密立根在实验室

在物理学史上,谈到19世纪末的时候,一般都会提到著名的"三大发现":X射线的发现、天然放射性的发现和电子的发现。在"打开原子的大门"那一节中,我们谈到了J.J.汤姆逊通过实验测定阴极射线粒子的"荷质比"而发现了电子,其基本思路是通过比较阴极射线的荷质比和氢离子的荷质比,又通过实验确证阴极射线粒子所带电量与氢离子相等(正负相反),从而得出阴极射线粒子的质量约为氢离子质量的1/1000。这相当于确证了电子的存在,但是这项工作还没彻底结束,甚至可以说,更重要的工作还有待完成,因为一个电子所带的电荷——基本电荷仍不知道。而这是由美国物理学家密立根通过精巧的油滴实验测定的。

密立根之前的实验工作

J.J.汤姆逊在发现原子中存在比原子更小的微粒"电子"之后,随即进行了探求更直接证据的实验,也即如何测量基本电荷。最先在这方面取得进展的是J.J.汤姆逊的学生汤森,他在1897年创建了一种通过"气体电离"测量基本电荷的方法。

汤森的实验思路是这样的:利用带电粒子在饱和蒸汽中形成雾滴的现象,计算出单位体积内的雾滴数和所带总电荷数,然后后者除以前者便是所测带电粒子的电荷数。单位体积的总带电荷数可以由象限静电计测量得出。单位体积的雾滴总数是通过质量转换关系得到的:雾滴的总质量可以让含雾气体通过盛满干燥剂的管子,由管子的增重而得知;雾滴的平均质量可以通过雾滴自由下落的速度,利用斯托克斯定律而求得。

◆小知识

斯托克斯定律,球状物体在粘性流体中所受的粘性阻力:$f = 6\pi\eta rv$,其中:η为液体的粘滞系数,r为球状物体的半径,v为运动速度。该定律由英国物理学家斯托克斯在1851年提出。该定律有一处有悖直觉的地方,就是通常会认为液体的阻力(拖拽力)会与球状物的横截面积成正比,也即与r^2成正比,但事实是与r成正比。

汤森最终求得的基本电荷为:$e = 3 \times 10^{-10}$ 静电单位。汤森整个思路的一个缺陷是,他假定每个雾滴是以一个粒子为核生成的,也即雾滴数与离子数相等。

密立根的油滴实验

受英国物理学家威尔逊1903年发明的"平衡电场"实验方法的启发,密立根也尝试利用在两块平行极板之间施加电场的方法来研究带电雾滴。

1909年春夏之际,当密立根把两极板电压加到1万伏时,奇迹出现了,带电雾粒在强磁场的作用下以不同的速度散开。他后来回忆道:

这一偶然事件使我第一次有可能对单个液滴进行测量……来检验单个隔绝电子的排斥和吸引的性质。云层的弥散虽然破坏了我的实验,但当我重复这一实验,我立即看出,在我前面出现了比云层顶端(蒸发)更重要的事物。因为不管怎样重复地用强电场使云层弥散,总有少数几颗水滴留在视场中。这正是一些带有适当电荷的水滴,在电场中取得了电场力和重力的平衡。

为了消除实验中水滴蒸发的误差,密立根写道:

我打算消除蒸发误差的最初方案,是采用一个刚好平衡云雾所受重力的足够强的电场(要是可能的话),并且随时调节电压来适应它因蒸发而变化的质量,以便在它的全部生命期间保持它处于平衡。这样便有可能记录整个蒸发过程,进一步在计算下降速度问题上消除蒸发误差并加以修正。虽然事实上没有能够按当初计划使整块云雾在电场内完全平衡,但发现了更有利的情况:个别带电荷液滴可以被控制在电场内悬浮30秒至60秒。我没有实际观测过45秒以上的液滴,但确曾几次看到它们在电场中的平衡有可能超过这么长的时间。能被电场平衡的液滴往往是带有几倍电荷的液滴。这些液滴的平衡比预料的容易一些。

实验步骤只需形成云雾,随后立刻加上电场。带有与上板同号的电荷的液滴迅速下坠,但是与上板异号而电量较大的液滴则反抗重力上升。过了7～8秒钟后,视野变得十分清楚,因为只剩下比较少的液滴,它们的荷质比恰好使它们能被电场悬浮起来,看过去是十分清晰的亮点。我曾有好几次看到在整个视野里只有一颗亮星似的液滴,在电场里悬浮了近1分钟之久。不过我对视野内的大量液滴作了观测,时间多半没有这么长。

此外,可以改变膨胀(方式)来改变液滴的质量,也可以变动电离程度来改变液滴所带电荷,结果发现能够在几乎同样强度的静电场内悬浮2倍、3倍、4倍、5倍、6倍电荷的液滴。这让我知道以前打算逐渐变更场强的那种方法是没有必要的。如果某一电场不能使任一液滴悬浮,那就每次改变100伏或200伏的电压,直到使液滴稳定或近乎稳定为止。当我把电压完全撤除时,常能看到各种液滴在重力作用下以差别很大的速度下坠,这就证明这些液滴具有不同的质量和不同的电荷。

密立根利用水滴作为实验材料测得的基本电荷为:$e = 4.65 \times 10^{-10}$ 静电单位。

1909 年 8 月,密立根在一次会议返回途中突然想到,为什么不用油滴代替水滴呢? 水滴的蒸发对实验的影响很大,而油滴几乎没有什么蒸发。很快他和学生弗莱彻进行了测量基本电荷的油滴实验。

油滴实验的装置如图 3-12,加有可变电压的两平行金属板距离为 d,雾化器将油滴从上方喷洒,雾化的小油滴可以通过上方金属板的孔进入电场中,右方的显微镜可以观察油滴的运动状态。

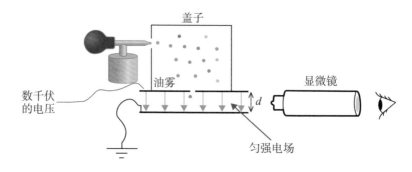

图 3-12　油滴实验示意图

先不加电场,让油滴从小孔在两金属板之间自由落下。由于空气的粘滞性,很快粘性阻力会与重力平衡而达到终极速度 v,根据斯托克斯定律有:

$$mg = 6\pi\eta r v$$

由于油滴为球状,又有:

$$m = \frac{4}{3}\pi r^3 \rho$$

两式中的 η、ρ 已知,v 可以测定,故可以得出油滴的质量。

然后加上电场并调整,使油滴在电场中处于静止状态,此时有:

$$mg = qE$$

又因为 $E = \dfrac{U}{d}$，则有：

$$q = \dfrac{mgd}{U}$$

其中 U 为两极板间的电压。

需要注意的是，上述是简化的实验模型，实际油滴在两种情况下，均会受到空气的浮力。这里为了便于说明基本原理，采用了简化的策略，实际情况要更复杂。

他们又采取了一种操作，用 X 射线照射两极板间的空气使其电离，这样带电的空气离子就会附在油滴上。调节电场，使油滴达到平衡而测出其带电量 q。最终他们发现油滴所带电荷量总为某一数值的整数倍，也即：

$$q = ne$$

其中 n 为自然数。

1913 年，密立根宣布了他们测得的基本电荷为：$e = (4.774 \pm 0.009) \times 10^{-10}$ 静电单位，也即 1.592×10^{-19} 库仑（C）。此值与当前的测定值仅相差 0.6%，已经相当精确了！

油滴实验的重要意义

密立根的油滴实验证明了电荷的不连续性或量子化特性，基本电荷的确定并不是一种统计平均值，而是电的原子性结构的真实表现，同时证明了电子的客观存在性。不但如此，基本电荷的确定还有更重大的意义，正如瑞典医师、诺贝尔物理学奖评审委员会委员古尔斯特兰德在密立根获得1923年诺贝尔物理学奖的致辞中所言："即使不考虑密立根通过这些研究证实了电是由相等的单位组成的这个事实，他对基本电荷的精确测量对于物理学的贡献也是不可估量的，因为他的工作使我们有可能用较高的精确度去计算许多重要的物理常数。"基本电荷确定后，阿伏伽德罗常数、普朗克常数便可以获得更精确的值，这对整个物理学具有重要意义。

图3-13　密立根（左）在一次实验中

地势其坤——量子反常霍尔效应的发现

2013年3月14日，美国《科学》杂志在线发表了一项研究成果。中国科学院院士、清华大学薛其坤教授领衔，由清华大学和中国科学院物理研究所组成的实验团队经过近 4 年的努力，发现了量子反常霍尔效应。消息传到科学界，引起了强烈反响。同年 4 月 10 日，在该成果发布会上，诺贝尔奖得主杨振宁教授称赞道："这是从中国实验室里第一次做出的诺贝尔奖级的物理学成绩，不仅是科学界的喜事，也是整个国家的喜事。"在 2018 年度国家科学技术奖励大会上，"量子反常霍尔效应的实验发现"荣获国家自然科学奖中唯一的一等奖。量子反常霍尔效应究竟是怎么回事？薛其坤教授的团队是如何发现的？其应用价值又如何？

图 3-14　薛其坤院士

霍尔效应和量子霍尔效应

　　欲了解量子反常霍尔效应，应该先了解"霍尔效应"和"量子霍尔效应"。1879 年，正在美国约翰·霍普金斯大学攻读博士学位的埃德温·霍尔在研究载流导体在磁场中的受力情况时，发现了一种电磁效应,也就是霍尔效应。如图 3-15,将一块通有电流 I 的金属板置于磁感应强度为 H 的均匀磁场中,磁场方向与电流方向垂直。金属板中运动的电子会受到洛伦兹力的作用产生偏转(使用左手法则判断,方向为垂直磁场向左),逐渐聚集在金属板的左侧面,同时在金属板右侧面因缺少等量电子而积累等量的正电荷。这样便在金属板的左右侧面间形成了一电场。当达到动态平衡时,两侧便形成一稳定的电势差 V_H。这便是霍尔效应。霍尔电阻为:

$$R_H = \frac{V_H}{I}$$

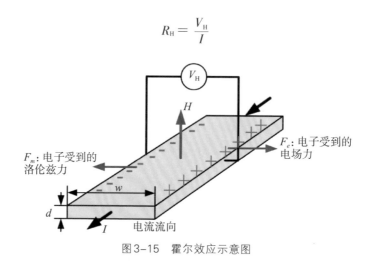

图 3-15　霍尔效应示意图

利用霍尔效应制成的传感器有广泛应用,这种传感器只需感受磁场的变化,不需要直接的机械接触,因此非常稳定、可靠。此外,霍尔信号可以瞬时响应磁场,可以做到精确控制和定位。

1980 年 2 月 5 日,德国物理学家克劳斯·冯·克利青在法国格勒诺布尔强磁场研究室工作期间,发现了一种新的霍尔效应。他在研究处于超强磁场和超低温度条件下硅的金属–氧化物半导体场效应晶体管(MOSFET)的霍尔效应时发现,霍尔电阻随栅压变化的曲线上出现了一系列的平台，这一系列的值与材料的具体性能无关，只取决于基本物理常数h（普朗克常数）和e（基本电荷）。霍尔电阻的值可以用以下公式来计算：

$$R_H = \frac{h}{ie^2}$$

其中i可以取正整数。

由于这种情况下霍尔电阻呈现量子化的跳跃特征，故称为量子霍尔效应。又因为这里的i为整数，故也称作整数量子霍尔效应。

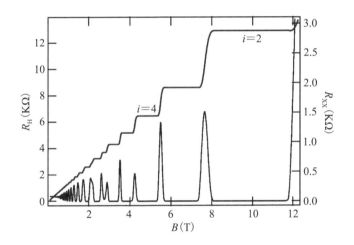

图3-16　整数量子霍尔效应示意图

说明：这里显示的是整数量子霍尔效应的纵向电阻R_{xx}和霍尔电阻R_H随磁场B的变化曲线图，在每个霍尔平台处，霍尔电阻等于$\frac{h}{ie^2}$，纵向电阻趋于0。

当有人问发现量子霍尔效应是否是一个偶然发现时，冯·克利青回答说："通过测量大量的不同样品，才第一次可能认识这样一种特殊的规律,而这种平凡重复的测量简直令我们感到乏味,我们反复变化样品,变化载流子浓度,将磁场从零增加到最大……终于发现了这样的特殊规律,所以这一结果的取得是长时间努力工作的结果,这些测量的曲线无时不在我的脑子里盘旋着,反复思考着。"还是那句话,机遇只偏爱那些有准备的头脑。1985 年,冯·克利青独享了当年的诺贝尔物理学奖。霍尔电阻公式中,当 $i = 1$ 时,得到:

$$R_K = 25812.80745 \text{ 欧姆}(\Omega)$$

该值目前已被称为冯·克利青常数,作为电阻单位欧姆的参考标准。

仅仅在整数量子霍尔效应发现两年后,美国贝尔实验室的两位研究人员崔琦和施特默便发现了分数量子霍尔效应。1982 年,他们在贝尔实验室用半导体 GaAs(砷化镓)做量子霍尔效应实验,方法是将两种不同的半导体材料放在一起,一面是 GaAs,一面是 GaAlAs(砷化铝镓),这样电子便被限制在两种材料的接触面上。然后再降低温度、加大磁场,当绝对温度达到 0.1 开尔文(K),磁场强度达到 30 特斯拉(T)(地球磁场的 100 万倍)时,他们发现霍尔电子的一阶台阶是克利青最高电阻的 3 倍,也就是说 $i = 1/3$。他们终于发现 i 不但可以取整数,还可以取诸如 1/3、2/3、2/5 等这样的分数值,被称为分数量子霍尔效应。第二年,美国斯坦福大学物理学教授劳克林从理论上解释了这一现象。他们三人最终获得了 1998 年的诺贝尔物理学奖。崔琦也成了继李政道、杨振宁、丁肇中、李远哲、朱棣文之后第 6 位华人诺贝尔奖得主。

◆**小知识**

崔琦是一位美籍华人,1939年生于河南宝丰县,后来到中国香港求学,从那里考到美国,1967年获得美国芝加哥大学物理学博士学位,然后在贝尔实验室工作。最初他和施特默关注的目标是维格纳晶体(或叫维格纳点阵)。"维格纳晶体"是以美籍匈牙利物理学家维格纳命名的,因为他在1934年曾预言,电子气体在低温、低密度的情况下将发生凝结成为电子晶体。其预言在1979年被证实,极低温的液氦表面吸附的单层电子形成了"维格纳晶体"。

由于处在量子霍尔态的电子运动无能量损耗,因此可用于制备低能耗的高速电子器件。但是要产生量子霍尔效应,需要极强的磁场,而产生强磁场的装置不但成本高昂,而且体积庞大,这在日常生活中很难办到,这便为探索量子反常霍尔效应提供了一个契机。

量子反常霍尔效应

欲说量子反常霍尔效应,先说反常霍尔效应。1881年,霍尔在研究磁性金属的霍尔效应时发现,即使不加外磁场也能观测到霍尔效应。这种零磁场下的霍尔效应就称为反常霍尔效应。该效应的机制,直到近些年才逐渐清楚。既然霍尔效应有对应的量子霍尔效应,那么反常霍尔效应是否有对应的量子反常霍尔效应呢?若有的话,岂不是可以实现生产体积小、能耗低的高速电子器件,这对微电子技术是多大的利好呀!

很快物理学家找到了一种新材料——拓扑绝缘体。拓扑绝缘体的发现，与另一位华人物理学家张首晟有关。他早年毕业于复旦大学物理系，后在美国纽约州立大学石溪分校获得博士学位，自1993年起在斯坦福大学物理系任教。2006年，张首晟首次提出拓扑绝缘体理论的材料实现方案。那么什么是拓扑绝缘体呢？大家知道根据导电性的不同，材料可以分为导体、半导体和绝缘体。拓扑绝缘体与它们都不一样，这种材料的内部是绝缘体，但其边缘和表面可以通过电流。这种特殊的性质，源于材料内部电子能带的特殊结构。当材料仅有一个原子厚时，其边缘的导电效率会达到100%。张首晟比喻说，电子进入拓扑绝缘体，就好像汽车驶入不限速的高速公路一样。只要沿着高速公路（表面或边缘）行驶，电子的运动就不会受到任何影响。2006年，张首晟团队提出一个实验方案。第二年在德国维尔茨堡大学实验结果得到证实。之后，一系列国际奖项纷至沓来，其中包括2012年获美国凝聚态物理最高奖——巴克利奖。

2010年，中国科学院物理研究所方忠、戴希带领的团队与张首晟合作，提出磁性掺杂的三维拓扑绝缘体有可能是实现量子化反常霍尔效应的最佳体系。当三维拓扑绝缘体的厚度降低到几个纳米时，就会过渡为二维拓扑绝缘体结构。利用二维拓扑绝缘体的边缘态，并引入磁性就能实现量子反常霍尔效应。

满足量子反常霍尔效应条件的材料非常苛刻。首先，材料的能带结构必须具有拓扑特性从而具有导电的一维边缘态，即一维导电通道。其次，材料必须具有长程铁磁序从而存在反常霍尔效应。最后，材料的体内必须为绝缘态从而对导电没有任何贡献，只有一维边缘态参与导电。在实际的材料中满足其中任何一项已相当不易，要同时满足这三项更是困难。

从 2009 年开始，薛其坤带领团队（成员主要是清华大学和中国科学院物理研究所的科研人员），向这一目标发起了冲击。2010年，团队完成了 1～6 纳米厚度薄膜的生长和输运测量。2011 年，实现了对拓扑绝缘体能带结构的精密调控，使其成为真正的绝缘体，去除了体内电子对运输性质的影响。2011 年底，团队在准二维、体绝缘的拓扑绝缘体中实现了自发长程铁磁性。至此，前述三项苛刻条件终于全部满足。

2012 年 10 月的一个晚上，他们团队终于等来了期待已久的时刻。材料在零磁场中的反常霍尔电阻达到了量子电阻值 25813 欧姆，并形成一个平台，同时纵向电阻急剧降低并趋于零。这正是量子反常霍尔效应的特征性现象！

人间好事多磨难，历经沧桑成大功。前后 4 年攻关，团队生长和测量了 1000 多次磁性掺杂的样品（不顺利时，一个月也做不出一块），先后有 20 多位研究生参与，做了无数次实验，才获得了成功。2013 年 3 月 14 日《科学》在线发表了这项成果，马上引起了世界物理学界的强烈反响。

应用前景

前面提到量子霍尔效应时说到，它需要强磁场，故成本高、设备庞大，不便于日常利用。反常量子霍尔效应的极大好处是它不需要任何外加磁场，故可以把电子器件做得很小，将会推动新一代低能耗晶体管和电子器件的发展，加速信息技术革命的进程。当然，目前量子反常霍尔效应的应用仍面临一些问题。比如该效应仍需要在100毫开尔文（零下273.05摄氏度）以下的极低温度下才能观测到，若要得到实际应用，则需在较高的温度条件下实现。无论如何，量子反常霍尔效应的发现，必将对未来的电子信息技术产生深远影响。

微信扫码

看科学实验小视频高效学习
添加学习助手获取服务

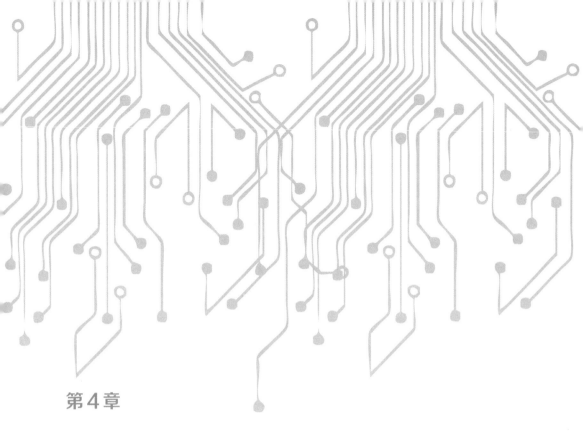

第4章

实验结果之美

　　这里再次引用费曼的名言:"无论你的猜想有多漂亮,如果它与实验不符,它就是错的!"这句话从某种程度上强调了实验结果之重要。科学实验是探索科学理论的重要形式,同时也是检验科学理论的试金石,检验的依据自然是实验结果。实验结果对科学理论的效用,无非两种:确证(支持)与推翻(反对)。有时候实验结果对有争论的理论会有裁决或判决作用,这便是学界常说的"判决性实验"。拉瓦锡通过一系列有关燃烧的实验,推翻了盛极一时的燃素说,建立了科学的氧化燃烧理论。焦耳通过热功当量实验,发现了做功与传热之间的数量关系,为能量守恒定律的确立奠定了基础。在人类进入航天时代之前,让公众察觉到地球自转并不容易。法国物理学家傅科做到了,他通过傅科摆实验,让公众真的"看到了"地球在自传。实验结果的奇伟之美——推翻旧说、确立新知,莫过于此吧!

燃烧之谜——氧化燃烧理论的建立

　　提到燃烧，自然会想到火。的确，火的利用是人类进化史上的一件大事，有着无可估量的意义：在远古时代，火能够帮助人类烧熟食物，便于人体咀嚼、消化和吸收；火可以用于驱赶猛兽，或者用于加工木质工具以制成合适的防兽武器；火可以用来取暖，让人免受寒冷的侵袭，等等。大约在距今160万年前，人类已经开始有意识地使用火。

图4-1　古人与火

但是人类对燃烧本质的认识,则要晚得多。不但如此,17—18世纪建立科学的氧化燃烧理论之道路,更是异常艰难曲折。恩格斯对这段历史有过非常精辟的总结,他认为这使得"倒立着"的化学正立过来了!"倒立着的化学"如何解释?"正立过来"又是怎么一回事? 这一切还得从"燃素说"谈起。

燃素说

17世纪中叶,随着冶金、炼焦、玻璃、肥皂、制陶等工业的发展,燃烧现象成了科学家关注的焦点之一。当时主要的燃烧材料是木材、煤炭、硫磺、油脂等,它们燃烧之后均会变轻,因此把燃烧现象看作是燃烧材料释放某种物质的结果,这也正是燃素说的逻辑出发点。

图4-2　燃烧

1669年,德国美因茨大学的医学教授、炼金术士贝歇尔提出了燃素说的基本构想。他认为构成固体物质的主要是三种土:油状土、流状土和岩状土。这一理论在某种程度上是早期炼金术士提出的硫、汞、盐三元素说的变形。贝歇尔认为,一切可燃物中均含有油状土,燃烧的过程就是可燃物释放油状土的过程。1703年,贝歇尔的学生、德国医生施塔尔进一步发挥了老师的学说,正式用"燃素"概念代替了之前的"油状土",形成了较为系统的燃素学说。

燃素说在当时的确算一种先进的认识,因为它能较"完美"地解释日常所见的燃烧现象。比如对于木炭的燃烧,正是由于木炭中含有大量的燃素,所以木炭燃烧后留下了极少的灰烬。物质中所含的燃素越多就越容易燃烧,比如木材、油脂等都是富含燃素的物质,故都极易燃烧。按照施塔尔的说法,燃素还可以从一种物质转移到另一种物质,比如把金属残渣(金属氧化物)和木炭一起加热,木炭中富含的燃素就会转移到金属残渣中,从而生出了金属。不但如此,燃素说还能解释一些动物的生理现象,比如食物的消化,就是食物在体内"燃烧",燃素释放出来并被肺排出体外的过程。

有的读者可能会问了,例如密闭容器中的一块木材,燃烧一段时间会自然熄灭。既然木材富含燃素,并且燃素仍旧在容器中,怎么会熄灭呢?燃素说对此是这样解释的,因为木材在燃烧过程中,燃素持续充溢到容器中,容器内燃素的密度随之增大,这反过来抑制了木材中的燃素向外释放。你一定觉得有些可笑,但在当时,这的确是一种可以自圆其说的解释。

尽管燃素说一时风头无两,但在解释一种现象时,却让人感到力不从心。

氧化燃烧理论

燃素说面临的一个难题是金属煅烧增重现象,怎么回事呢？原来,金属煅烧是一种常见的燃烧现象(现在我们知道是金属的氧化反应),按燃素说的解释,自然是金属释放燃素形成金属煅灰(残渣)的过程,用式子表示就是:

$$金属 - 燃素 = 煅灰$$

但实验的结果是:金属煅灰的质量均要比金属大！这显然与燃素说相矛盾,因为明明是"去燃素"的过程,怎么质量不减反而增加了？

美国著名科学哲学家托马斯·库恩写有一本非常有名的书《科学革命的结构》,提出了科学史上科学理论的发展模式:

前科学→常规科学→反常→危机→科学革命→新的常规科学

这里不细究这套理论的内涵,而直接把这套理论运用到燃素说解释金属煅烧这件事上,这等于出现了反常和危机。当时,持燃素说者为了自圆其说,说燃素具有负质量,现在看来这似乎是一种狡辩,也表示燃素说陷入了一种窘境——在木材的燃烧中,燃素被赋予正质量,到了金属煅烧时,却被赋予负质量。燃素说的拥护者也觉得有些滑稽了。

时代在召唤化学界的英雄。在建立正确的氧化燃烧理论的过程中,氧气的发现是关键。有不同国家的几位化学家一起做出了贡献,主要有瑞典的舍勒、英国的普利斯特列和法国的拉瓦锡。

图4-3　普利斯特列

为了便于讲述,我们这里干脆把舍勒给舍掉。当然,舍勒的功绩还是要提一句,他是公认的氧气的发现者。下面直接从普利斯特列分解氧化汞的实验谈起。

1774年8月1日,普利斯特列利用一个凸透镜汇聚产生的光点燃了玻璃器皿中的氧化汞,在此过程中产生了气体,他用水槽法收集了这种气体。随即他研究了这种气体的性质,发现燃烧的蜡烛在这种气体中燃烧得更旺,把老鼠置入装有这种气体的密闭容器中,老鼠呼吸得更加舒畅,生存时间也比在等量空气中长了数倍。

现在我们知道,普利斯特列制备出来的气体正是氧气,但是他未能走出燃素说的阴影,他始终认为这是一种不含燃素的气体,能够迅速地把燃素从可燃物中吸收出来,故称"脱燃素气体"。比如蜡烛在其中燃烧,开始时蜡烛剧烈燃烧,正是因为"脱燃素气体"对燃素的强烈吸收,待蜡烛燃烧一段时间后,密闭容器中燃素多了,其吸收作用也小了,直至最后燃素过于饱和,蜡烛才熄灭。

真理悄悄地从普利斯特列的鼻尖溜走了,正式发现它的是拉瓦锡。

1774年10月,普利斯特列造访巴黎,遇到了拉瓦锡,那时拉瓦锡也正在钻研燃烧的问题。当他听说普利斯特列的实验后,他很快重复了氧化汞的实验。拉瓦锡胜过当时许多科学家的地方在于,他特

别善于化学反应的定量研究，所使用
的天平是当时欧洲最精准的。11月，拉瓦
锡用普利斯特列告知的方法做了氧化汞
的分解实验，制得了氧气，他当时称之为
"上等纯空气"，看来他也享受到了普利斯
特列的老鼠几个月前得到的待遇。之后，
他又做了汞煅烧的实验，发现消耗了
密闭容器约 1/5 的体积，当把等量的
"上等纯空气"与剩余气体混合后，得
到的气体与普通空气性质一样。这
样，新的化学反应已经呼之欲出了。

图 4-4　拉瓦锡

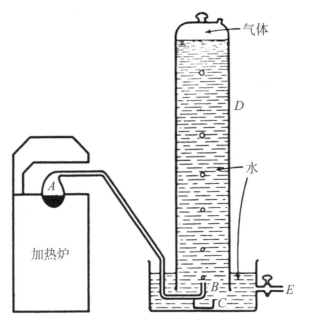

图 4-5　氧化汞分解实验示意图

1775年4月，拉瓦锡发表了论文《论煅烧中与金属结合而增重的元素的性质》。在这篇文章中，拉瓦锡认识到了金属煅烧增重的元素就是空气本身，煅灰与木炭产生的"固定气体"是煅灰产生的气体与木炭产生的气体的结合物。尽管我们看到此时拉瓦锡还错误地认为氧气等同于空气，但是他把金属煅烧增重的原因看作是金属与空气的结合物，这是整场化学革命的突破点。同时，我们也应该看到，一个新的科学观念的产生是许多人付出巨大的艰辛与努力得到的，哪怕是人类最优秀的智者也要经过这种磨炼。

1775年年底时，拉瓦锡才认识到与金属结合的部分是空气的成分之一。1777年9月，他在向巴黎科学院提交的《燃烧概论》中完整表述了科学的氧化燃烧理论，推翻了遮蔽化学天空已久的燃素说。

◆**小知识**

氧化燃烧理论的主要内容有：

燃烧时放出光和热。

物质只有在氧存在时才能燃烧。

物质在空气中燃烧吸收氧，燃烧之后增加的质量等于吸收的氧的质量。

一般的可燃物（非金属）燃烧后通常变为酸（酸性氧化物），一切酸中都包含有氧元素；金属煅烧后变成煅灰，它是金属的氧化物。

现在我们可以深刻理解前文所说的使"倒立着的化学正立过来了"的意思了。燃烧本来是可燃物与氧气结合的过程，而不是燃烧物释放子虚乌有的"燃素"的过程。从"释放"到"结合"，不正好是颠倒了嘛！

"氧"这个名字就是拉瓦锡后来命名的，意思是"成酸的元素"。尽管以现代的眼光看拉瓦锡的理论还有缺陷，比如现在我们知道镁条能在二氧化碳中燃烧而不需要氧。但是，我们必须以历史的眼光分析和评判一位历史人物，科学理论的大厦，总是要一代代的科学家为之增瓦添砖，修订、补充，臻于至善。

图4-6　水中的氧气

打扫战场

　　1777年拉瓦锡提出氧化燃烧理论之后，基本推翻了燃素说，但有一些领域仍被燃素说所"盘踞"。比如，金属与酸的反应。对这种反应，燃素说认为释放出来的可燃性气体（H_2）就是燃素。式子如下：

金属（煅灰＋燃素）＋酸＝盐（煅灰＋酸）＋燃素（可燃性气体）

氧化燃烧理论在当时对此还没有合理的解释，如果要攻下这个"堡垒"，需要对水的组成展开研究。1781年，普利斯特列在瓶中点燃可燃空气（H_2）与脱燃素气体（O_2）的混合物时发生爆炸，结果发现有水珠生成。这本来可以直接产生水不是一种单纯的物质，而是一种结合物（化合物）的认识，但是普利斯特列是一个铁杆的燃素论者，他坚持认为原来参加反应的就是水，只不过一种是脱燃素的水（O_2），另一种是含有更多燃素的水（H_2）。当普利斯特列把实验的消息告诉卡文迪许后，后者很快重新做了实验，还发现了参加反应的两种气体的体积比（H_2与O_2）为2∶1。卡文迪许比普利斯特列的认识进了一步，认识到水是一种化合物，但对反应的解释仍没有摆脱燃素说。在他看来，水是由脱燃素空气与燃素化合而成，可燃空气是水和燃素的结合物，也即：

$$脱燃素空气＝水－燃素；可燃空气＝水＋燃素$$

这种解释与普利斯特列的解释半斤八两，认为在反应前水已经预先存在气体中了。1783年6月，卡文迪许的助手访问巴黎，他把卡文迪许的实验结果告诉了拉瓦锡。结果历史又一次重演，拉瓦锡立刻做了水的合成与分解实验，得出了正确的结论：可燃空气（H_2）与生命空气（O_2）化合生成水，水的质量等于两种空气的质量之和。

这样，本来鼻尖已经触及真理的普利斯特列和卡文迪许，再次把发现水的本质的优先权拱手送给了拉瓦锡，当然这更应该归功于拉瓦锡敏锐的科学头脑与缜密的科学思维。认识了水的本质之后，拉瓦锡解释了金属与酸反应的实质：

金属＋酸＋水（氧＋氢）＝盐［煅灰（金属＋氧）＋酸］＋氢

如果我们以现在的眼光看这个式子的话，也是不恰当的，因为金属与酸反应生成的氢气，氢元素来自酸，而不是来自水的分解。不过我们要知道，当时拉瓦锡认为的酸其实是我们所言的非金属氧化物，非金属氧化物与水反应生成的才是我们现在定义的酸，因此氢气实质上是来自酸。拉瓦锡已经足够伟大了，他在这块旧势力蛮缠的阵地又一次清除了燃素说的"幽灵"。1785年以后，燃素说已经彻底成为历史，化学从此获得了新生。

拉瓦锡在化学领域还有诸多贡献，特别应当提及的是他与几位科学家一起参与了建立化学术语体系的工作，为现代化学命名法奠定了基础。

回首近代化学摆脱燃素说束缚的岁月，正是拉瓦锡擎起了反燃素革命的大旗，并一直战斗，最后笑傲群雄。后来当他因政治革命不幸被砍头时，法国数学家、物理学家拉格朗日无比痛心地说："砍掉他的头只需要一瞬间，但是再过一百年也长不出这样一个脑袋来！"拉格朗日的惋惜之言绝非夸大，如果没有拉瓦锡，化学界还不知道要在黑暗中摸索多少年。

能量守恒定律的基石——焦耳测定热功当量

当你骑一辆共享单车外出时，你身体的化学能正转化为单车的机械能。当你准备用电热水器冲澡时，电热水器已经完成了电能向热能的转换。举目望去，大千世界无时无刻不在进行着能量的转换。科学昌明的年代，我们可以用物理学的视角审视周围的能量世界。可是在18世纪末，人们对热的认识还很肤浅，更不用说测定精确的热功当量了。在对热和功的研究中，人们确立了能量守恒定律。能量守恒定律的确立，使得许多独立的自然现象联系起来，而且撕碎了倾心于永动机者的迷梦。英国物理学家焦耳对热功当量的测定实验，是能量守恒定律确立的关键或者说基石。

驱散热质说

人们对热现象的认识，在18世纪下半叶，还笼罩在热质说的阴霾下。什么是热质说呢？

热质说，又称为热素说，它认为热是一种看不见、没有质量并且充满物体的流质。物体热质的多少，表征为温度的高低，而且热质可以从一物体流出然后流入另一物体。热质说也能够解释一些热现象，比如热传导、热对流、热辐射等，甚至当时的大化学家拉瓦锡也把"热质"看成一种化学元素。不过，令热质说面临危机的是摩擦生热现象。

"危机"显现，还用托马斯·库恩的理论解释，这是科学革命的前夜。伦福德伯爵在大炮镗孔的现实问题中找到了热质说的阿喀琉斯之踵。这位伦福德伯爵值得一说。

伦福德伯爵，原名本杰明·汤普森，1753年出生于美国马萨诸塞州，少年时代便显露出对科学的兴趣，曾和朋友一起重复富兰克林的风筝实验，差点触电身亡。后来他效力于德国巴伐利亚选帝侯，深得赏识，他在1791年被授予伯爵头衔，由此成了伦福德伯爵。1798年,他在慕尼黑负责督造大炮的工作,在这期间,他发现大炮镗孔时产生的热与热质说严重不符。有一次他采用了定量测试,用镗孔时产生的热量在2小时45分钟的时间内使8.5千克水从15摄氏度上升到沸点。他回忆说:"当在场的人目睹没用火便可以把这么多水实际上加热到沸腾时,他们的脸上都出现了无法形

容的惊异神色。"这么多热来自哪里呢?有没有可能是铁屑的热容量发生了变化?经过测试没有。只要镗孔(实际是摩擦)继续下去,就会有无尽的热产生出来,这是热质说无论如何也解释不了的,热的来源只能是镗孔的过程,也即运动。最终伦福德伯爵得出了热本质上是一种运动的结论。

选帝侯指那些拥有选举"神圣罗马皇帝"权利的诸侯。这是德国历史上的一种特殊现象。巴伐利亚选帝侯是当时巴伐利亚王国的统治者。

1799年,英国化学家戴维利用不受外界温度影响的真空泵,在其中产生的摩擦运动把内置的蜡熔化了。这一实验佐证了伦福德

的看法,表明热现象的直接原因是运动。

伦福德和戴维推翻了当时盛行的热质说,将热和功联系起来,把人们引导到对能量守恒正确认识的轨道上。

测定热功当量

焦耳,相信任何一位接受过现代学校教育的人对这个名字都不会陌生,因为能量和功的单位焦耳(J)就是为了纪念他。焦耳出身于英国曼彻斯特一啤酒酿造厂商家庭,由于他从小身体孱弱,十几岁了还在家自学,幸运的是,他受到了物理学家、近代原子论的提出者道尔顿的指点,很早便进行科学研究,可能因为家庭的缘故,他很擅长测量。

图4-8　曼彻斯特市政厅的焦耳塑像

1840 年，焦耳 22 岁，当时他在研究电流的热效应。那年 12 月，他向英国皇家学会提交了一篇论文《关于伏打电产生的热》，文中指出：当一种已知的伏打电在一定时间内通过一金属导体时，无论是何种金属，无论该金属导体的长度、直径如何，其所放出的热总是与它的电阻及通过导体的电流强度的平方成正比。这便是今天中学物理教科书上的焦耳定律：

$$Q = I^2 Rt$$

焦耳不但找到了电能向热能转换的一个证据，而且认识到，电流可以看作是携带和转变化学热的一个重要媒介，在电池中燃烧一定量的化学燃料，在电路中就会放出相等大小的热。这实际上可以看作后来能量转化和守恒定律的朴素表达。

需要说明的是，1843 年俄国科学家楞次独立得出了与焦耳一样的结论，故焦耳定律也称作焦耳-楞次定律。科学史上这种"不约而同""不谋而合"的发现太多了，本节谈到的能量守恒定律也是如此，后面我们会再谈到。既然这样，这些科学成果的认定靠什么呢，或者说科学发现的优先权依靠什么呢？近代以来，通过科学期刊或者利用科学会议发表或公开自己的论文是最通常的科学交流方式，自然也是获得科学发现优先权的主要方式。有一句话说得好：publish or perish！就是说：不发表，就发臭！

焦耳对热功当量的实验测定不是一个实验一劳永逸的结果，而是经历了相当漫长时间，做了大量的实验，大致从 1843 年到 1878 年，前后进行了 400 次多实验。科学实验在很大程度上依赖设计与操作技巧，但对焦耳当时的这些实验而言，毅力与耐心同样重要。

最开始时,即 1843 年,焦耳利用磁电机进行实验,实验的原理是:通过绕过定滑轮的砝码做功,转动磁电机线圈上的转轴(产生电流),线圈浸在量热器的水中。线圈产生的热量可以通过温度计前后变化计算而得,机械功通过砝码质量及下滑距离算得,两者的比值即热功当量。根据测定的 13 组数据,得出热功当量值为 4.51 焦耳/卡。

400 多次实验中,最著名的当属 1847 年在绝热容器中用桨轮搅动水的实验,实验的示意图见图 4-9。在与外界绝热的中空圆柱形容器内盛满水,中心置一黄铜桨轮,轮轴上方通到容器外,通过滑轮系使一铅质重物与轮轴上方连接。这样,利用重物的下落带动桨轮转动,桨轮搅动容器内的水,使水升温。焦耳描述其操作过程说:

桨轮在水罐中遇到很大的阻力而运动,因此重物(每个有 4 磅,约 1.81 千克)以大约每秒 1 英尺(1 英尺＝30.48 厘米)的缓慢速度下降,滑轮到地面的高度只有 12 英尺。所以,当重物通过这段距离而下降后,它们还要重新绞起以使桨轮重新运动。在此操作重复了 16 次以后,水温的增加就用极为灵敏和精确的温度计测定下来。

计算容器内热量的增加与重物做功的比值,就可以得出热功当量。焦耳在 1847 年的测量值为 4.15 焦耳/卡,与现测值 4.18 焦耳/卡的误差约有 0.7%,以当时的测量条件看,算是非常了不起了。

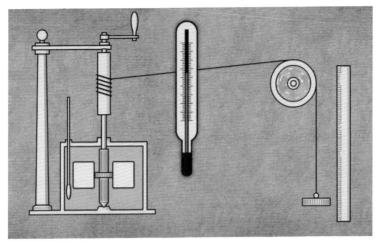

图4-9　热功当量实验示意图

　　有一则故事值得一提,它可以帮助我们了解1847年焦耳的科研状态和精神风貌。故事是英国的大科学家威廉·汤姆逊(即后来著名的开尔文勋爵)讲的,他在1847年与焦耳相识,两人一见如故,成为一生的好友。焦耳去世后,汤姆逊回忆他们相识两周后遇到的一件事:

　　在两星期以后,当我走下契忙里克斯山谷时,我远远看见一个青年人沿山路迎面向我走来,他手里拿着一根像手杖一样的东西,但是他既不把它用作铁头登山杖,也不用作行走手杖。他就是焦耳,手里拿着一支长温度计,他不放心把它放在跟在他后面慢慢往上爬的游览车上,怕把它碰断,尽管他的新娘此时正安详又舒适地坐在游览车中……这是我一生最值得的回忆之一,这对于像我这样有志于科学的人来说,是一生最值得的回忆之一。

焦耳带着这支长温度计，是要去测量瀑布从落处到谷底的温差，然后利用瀑布的落差计算功，以测定热功当量。在他新婚后和新娘外出游览时，还不忘他的科学工作，这是何等的境界呀！

能量守恒定律的意义

焦耳热功当量的实验测定，是能量守恒定律的实验基础。这个实验确凿地证明了热能与机械能、电能之间的相互转化，因此焦耳被认为是能量守恒定律的发现者之一。

这里为何说是"之一"呢？这便回到前面谈到的科学发现的优先权问题，因为在19世纪上半叶，不同国家的几位科学家各自独立地发现了这一定律，焦耳是其中一位，而且是非常关键的一位。另外几位分别是德国的迈尔和赫姆霍兹、丹麦的科尔丁、英国的格罗夫等，这里只谈下迈尔和赫姆霍兹。

迈尔是一位德国医生，1840年，他在一艘从荷兰驶向爪哇的海船上担任船医。当船只行驶到印尼苏腊巴亚一带时，他意外发现给海员抽的静脉血比预期的鲜红，后来他发现这是热带地区的普遍现象。这引发了他对生物物理的一些思考，并最终找到了原因：热带地区人的机体只需要吸收食物中较少的热量，因此食物的氧化过程减弱，静脉血中留存的氧气便较多，所以颜色鲜红一些。回到德国后，1842年他发表了一篇论文《关于无机界力的评论》，阐述了自然界中"力"的可转化性、不可消失性等。当时"能量"的概念还没有，"力"便是能量的同义词。正是这篇论文，使迈尔成为提出能量守恒定律的第一人。

1847年7月，德国物理学家赫姆霍兹在柏林物理学会的年会上宣读了一篇论文《论力的守恒》。由于当时还没有现代意义上的"能量"概念，赫姆霍兹这里的"力"就是能量的意义。这篇文章在科学史上有两个重要意义：首先这篇论文是以理论物理的形式展开论述的，被认为是能量守恒定律第一个最严谨的论证；其次，他把机械运动范畴的能量守恒定律推广到各种自然基本现象的运动能力及其相互转化上，得出了普遍适用的能量守恒定律。

　　能量守恒定律告诉我们，能量既不能凭空产生，也不能凭空消失，它只能从一种形式转化为另一种形式。但现实中总有一些要么是异想天开，要么是投机取巧的人，希望发明出一劳永逸的永动机来，只能以失败告终。苏联著名科普作家别莱利曼在他的《趣味物理学》中谈到了许多不可能实现的永动机，这里选其中一个例子。

　　如图 4-10 中有一方形水池，通过一批灯芯利用毛细作用把水吸到上方第一阶的水槽中，然后再利用一批灯芯，置于水槽中，利用毛细作用把水槽中的水吸到上方更高一阶的水槽中。最上方的

图 4-10　一种永动机模型

水槽留有一个出水口，流出的水可以冲击转动右侧一个水轮，如此循环不止。这看上去十分完美，似乎可以永远地动起来。但如果亲自做一下的话，必然会失败。因为假设灯芯能利用毛细作用把水从下方池中吸到水槽中的话，毛细作用同样能"固守"住水在内部，从而不会出现重力再把水从灯芯吸走的现象，但这种现象完全不可能发生。所以，这种看起来美妙的永动机一点也无法永动。

◆小知识

毛细作用，也叫毛细现象，生活中很常见，先举一个例子。有时候你不经意会把毛巾的一部分放在脸盆的水中，另一部分搭在脸盆的边缘上，过一会你会发现搭在边缘上的本来干燥的部分也变湿了。这便是毛细作用的"功劳"。液体本身具有表面张力（促使液体表面收缩、拉紧），加上液体分子对固体表面存在附着力，这样液体就会沿着物体或纤维间的微小空隙向上爬升。过去油灯的灯芯，正是靠着毛细作用使油液沿着灯芯上升的。

102

　　能量守恒定律的发现，反映了自然现象普遍联系的特征，揭示了自然界各种物质运动形式的多样性和统一性，同时成了永动机发明者挥之不去的"梦魇"。

亲眼"看到了"地球自转——傅科摆实验

　　北京动物园地铁站附近，是少年儿童的乐园，北侧是我国最早对公众开放的动物园——北京动物园，南侧是我国第一座大型天文馆——北京天文馆。如今的天文馆分为老馆和新馆两个区域,如果你走进老馆,就在门厅内便会发现从穹顶上垂下一根长长的钢丝,钢丝下端悬挂着一颗金属球在不停地来回摆动。这不就是一个巨大的单摆吗?的确如此,它就是一具大的单摆,但这种单摆有一个专业的名称叫"傅科摆",这是为了纪念法国物理学家傅科而命名的。1851年,傅科在法国的先贤祠,就是用了这种单摆首次让人类"看到了"地球在自转。"看到了"地球在自转?你可能觉得有些不可思议。确实如此,在科学史上,傅科摆实验第一次让人类在惊叹于视觉的奇迹中感受到真切的科学力量。

图4-11　傅科

漫长的公转证据

　　欲说傅科摆的故事，还得从哥白尼的日心说谈起，因为日心说的核心内容概括起来就是"地动说"，也即地球在绕日公转的同时还在自转。哥白尼的日心说集中体现在他弥留之际完成的《天体运行论》，时间是 1543 年。但就地球公转问题，当时仍面临着严峻挑战，也即如果地球在公转，为何观测不到恒星的周年视差。

　　这里需要对恒星的周年视差做些解释，否则接下来的内容不容易理解。首先解释"视差"，比如你坐或站在墙壁前大约半米的地方，拿起一支笔，什么笔都可以，手持放在鼻尖前。然后闭上左眼，用右眼观看笔端，会发现笔端的投影会在墙壁的左侧；之后再闭上右眼，用左眼看，会发现笔端的投影会在墙壁右侧。在这一过程中，笔端投影在墙壁上左右的距离就是视差。恒星的周年视差类似，我们把两只眼睛的距离放大到地球公转轨道的大小，笔端放大到一颗恒星的距离。日心说的反对者说，如果地球公转是事实的话，为何在恒星的背景上看不到观测恒星的背景位移（就像刚才笔端两次在墙壁上产生距离一样）。你沉下心来想一下，这是什么缘故呢？原因很简单，就是因为恒星（除了太阳）距离我们太远了。现在我们知道，地球绕太阳公转轨道的直径约是 1.5 亿千米，可是距离太阳系最近的恒星比邻星（半人马座 α 星）距离地球 4.2 光年！1 光年就是光飞行 1 年的距离，光速按每秒 30 万千米算，这个距离是 94600 亿千米！1.5 对比 94600 可知，相较于恒星的距离，地球公转轨道太微不足道了。换句话说，恒星周年视差的视角太小了，极难被观测到。

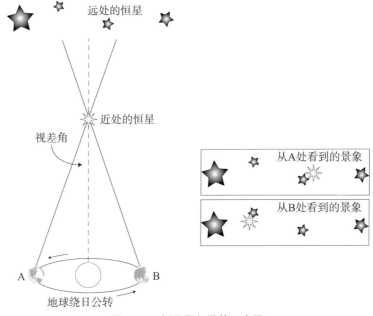

远处的恒星

近处的恒星

视差角

从A处看到的景象

从B处看到的景象

A

B

地球绕日公转

图4-12 恒星周年视差示意图

事实正是如此,恒星周年视差问题,直到19世纪上半叶,随着天文观测仪器的改进才有了转机。1837—1839年,三位天文学家独立观测到了人类苦苦追寻的恒星周年视差,"日心说"遗留下来的问题才算最终得以解决。

恒星周年视差的发现,为地球绕日公转之争画上了完美句号。既然地球公转成了铁的事实,地球的自转肯定是应有之义,因为如果地球仅有公转而无自转的话,地球上一昼夜的长度将是一年,而不是24小时。但是像地球这样大的球体,自转速度又很大,赤道的线速度为1670千米/小时,为何我们感受不到地球风呢?就像开车出去感受到迎面吹来的风一样。是惯性在起作用,17世纪时伽利略已经解决了这一问题,地球上的一切物体,包括它周围的大气,都随着地球一起自转。尽管如此,一些守旧派以及一些想不通的人还在怀疑,地球是否真的在自转。1851年的傅科摆实验则一劳永逸地解决了这一困惑。

地球真的在自转

要理解傅科摆,需要一点预备知识,但理解起来并不困难。首先要介绍下摆的属性,除了重力作用外,如果摆没有受到别的外力影响,其摆动平面将保持不变。这样,我们可以做一个理想实验。所谓理想实验就是在头脑中进行逻辑推理的实验,并不需要实际操作。假设我们把一具单摆设置在北极点上,选好初始位置,就从经过秦皇岛市的东经120度经线(与西经60度一个平面)开始摆动,同时摆动平面经过遥远的恒星A。经过6小时后,单摆摆动的平面仍在经过北极星与恒星A的平面,但是由于地球在自转,其角速度为每小时15度(24×15度=360度),脚下地球已经自西向东(俯视为逆时针方向)转过了90度,也即单摆平面在地球表面对应的是东经30度(与西经150度)的平面。很显然,在北极点,单摆运动的平面相对于地球每小时转15度,而且呈顺时针方向转动,与地球转动的方向正好相反。这便是傅科摆能证明地球自转的道理,并且摆动平面每小时转动的角度θ与当地的地理纬度φ有关,这里直接给出结果:

$$\theta = 15\sin\varphi$$

1851年2月的一天,傅科在巴黎的先贤祠进行了公开演示。之所以选择那里,是因为先贤祠有一座高大的穹顶,可以悬挂长达

67 米的钢丝。对单摆而言,悬绳越长,则摆动周期越长,这样受空气的阻力就越小。在钢丝下方悬挂了质量为 28 千克的铅球作为摆锤,尽管摆锤的质量与摆动周期无关,但对整副摆的机械性能有关,一旦摆动起来,就不能再干涉。为便于观测,在摆的下方布置了沙盘,每当摆锤经过沙盘的上方时,摆锤下方的指针就会在沙盘上划出一条线。为确保成功,傅科想到了每处细节:为保证摆的上方不受干扰,他设计了一种可以完全独立于地球运动的悬吊方式;为避免摆在初始运动时受到振动,他用一根绳子把摆锤拴在初始位置,用蜡烛将绳子烧断使摆锤开始摆动。

图 4-13　1851 年傅科摆实验

　　摆开始运动起来了,如果地球不存在自转,那么沙盘上的轨迹将是一条直线。但是科学的铁律无处不在彰显着它的威力,摆锤的运动平面发生了每小时顺时针偏转 11 度的现象。巴黎处在北纬 49 度,代入前述公式可得 θ 为 11.3 度。

傅科摆是世界上首次以演示的方式展现地球自转运动的实验，傅科因此获得了 1855 年英国皇家学会颁发的科普利奖章。从此人类可以真切、直观地"看到"地球在动。笔者不禁想起 17 世纪上半叶时伽利略遭到宗教裁判所的禁令，不许他传播地球在动的日心说。时光荏苒、沧海桑田，当人类可以自由地用并不复杂的实验展示地球在自转时，任何禁锢这种思想的教条便永无市场了。如今，傅科摆成了许多科学教育场所的展品，围观在周围的人们在观察、思考、揣摩，不知是否会想到当年摆锤平面的转动，竟是人类理性思维掀起的狂澜！下次当你有机会去北京天文馆时，莫忘了在那里驻足流连。

微信扫码

看科学实验小视频高效学习
添加学习助手获取服务

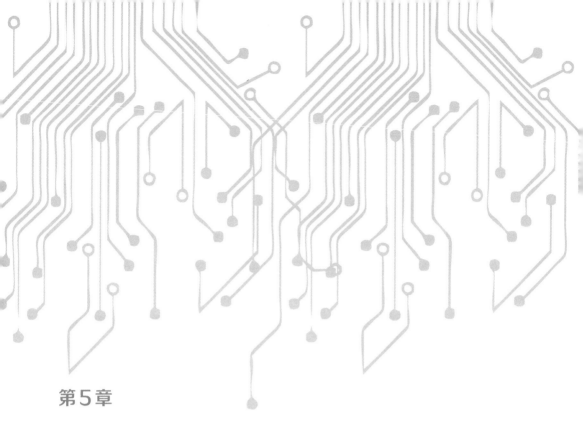

第5章

实验济世之美

　　"济世之美"大概算笔者生造的一个词语,它原本可以归并到"实验结果之美"。但由于"济世之美"有其特殊性,它兼具真、善。"真"体现在科学实验之真,能有术(药)到病除之效;"善"表现在拯救民众于危难,有普济众生之功。故可以说,其因"真、善"而成之大美。科学实验的"济世之美"多与医学、生物学相关,毕竟人类健康福祉多仰赖它们。从我国古代的人痘术到近代琴纳的牛痘术,再到1980年人类宣布消灭了天花,人类战"痘"历史悲壮又可歌可泣。弗莱明意外发现了青霉素,经过钱恩、弗洛里和希特利三人,才使青霉素得以推广、应用。在科学愈加社会化的今天,新药的研制、开发往往是多家单位协同创新的结果。针对目前全球暴发的新型冠状病毒肺炎,其疫苗的研发正在进行中。

从人痘到牛痘——天花的覆灭

笔者出生于 1979 年，在我的左上臂还有小时候种痘时留下的痕迹。许多读者朋友可能连"种痘"都没听说过，它与"青春痘"可没有关系。"种痘"是预防一种烈性传染病——天花的手段，性质类似打乙肝疫苗。"种痘"是用消毒针在滴有痘苗的上臂皮肤上用压刺或划痕的方法完成，待划痕结痂脱落后，便会形成蚕豆一般大小的疤痕。不过，现在"种痘"已经成了历史，因为 1980 年，世界卫生组织（WHO）便宣布人类已经消灭了天花。目前全世界仅有两处

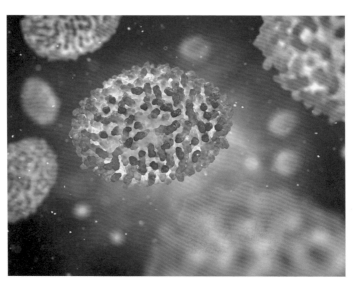

图 5-1 天花病毒

实验室保留有天花病毒,一处是位于美国亚特兰大的美国疾病预防和控制中心,另一处是位于俄罗斯科尔索沃的俄罗斯联邦国家病毒学与生物技术研究中心。

人痘术

我国关于天花的最早记载,始见于东晋炼丹家葛洪的《肘后备急方》,从其症状描述可知是天花:

比岁有病时行,仍发疮面头及身,须臾周匝,状如火疮,皆载白浆,随决随生。不即治,剧者多死……

后文又有"以建武中于南阳击虏所得,仍(乃)呼为虏疮"。可见天花乃外来疾病,源自战争所获俘虏。但究竟何时传入中原,学界仍存争议。原来现存的《肘后备急方》经过南朝梁时另一位炼丹家陶弘景增补过,现在没人知道哪一部分是葛洪所写,哪一部分是陶弘景所添。恰恰这句话中有一个"建武"年号造成了麻烦,汉代光武帝刘秀第一个年号叫建武(25—56年),而西晋晋惠帝也有一个建武年号(304年),东晋晋元帝还有一个建武年号(317—318年),南朝齐明帝时再用了一个建武年号（494—498 年），所以关于天花传入的时间历史界也众说纷纭。无论如何，最晚公元 5 世纪末时天花已经传入我国并扩散到了相当范围。

到了明代隆庆年间（1567—1572 年），我国民间出现了一种对抗天花侵袭的手段——人痘术，也就是人痘接种法。清代有位叫俞茂鲲的医学家，他在 1727 年完成的《痘科金镜赋集解》中记载：

闻种痘法起于明朝隆庆年间宁国府太平县，姓氏失考。得之异人丹传之家，由此蔓延天下。至今种花者，宁国人居多。

当时的宁国府，也就是今天安徽宣城一带。这条史料，经得起考证，因为有多条旁证，这里兹举一例。明末清初董含所著的《三冈识略》记载："安庆张氏传种痘法，云已三世，其法先收种痘浆贮小瓷瓶，遇欲种者，取所贮浆染衣，衣小儿，三日，小儿头痛发热，五日痘发，十日儿病愈，自言必验。"此处有"云已三世"，可推算在 16 世纪已经使用此法。宁国府与安庆府相距不远，说明当时种痘术已经流传到一定范围。

成书于 1695 年的《张氏医通》已经记载两类种痘法：一是痘衣法，一是鼻苗法。痘衣法就是前述《三冈识略》安庆张氏那种方法，或者直接将天花患者的贴身内衣让接种者穿上，使其轻微感染天花而获得免疫力。鼻苗法又分为三种：痘浆法、旱苗法和水苗法。所谓痘浆法，是用棉花蘸取患者所出痘疮的浆液，然后将棉花塞入接种者的鼻孔，使其获得免疫力。旱苗法，是取痊愈期患者的痘痂研成细末，然后用银管吹到接种者的鼻孔内，使其轻度感染获

图5-2　旱苗法种痘

得免疫力。水苗法,是把痘痂研成细末后,用水调匀,然后用棉花蘸取浆液,捏成枣核状,塞入接种者的鼻孔内(为便于取出,枣核状棉团系一细绳伸出鼻外)。古人对这几种种痘法曾有评论说:水苗法最优,旱苗法其次,痘衣法多不应验,痘浆法又太残忍。在人痘术实践的过程中,随着不断积累经验,到18世纪末,人们已开始区分"时苗"和"熟苗",前者是指刚患天花患者的结痂,后者是指经过多次接种、选炼后毒性较小的痘痂疫苗。

113

1808年成书的《种痘心法》记载:"其苗传种愈久,则药力之提拔愈清,人工之选炼愈熟,火毒汰尽,精气独存,所以万全而无害也。若时苗(未经提纯的痘痂)能连种七次,精加选炼,即为熟苗。"

那么人痘术的传播和效果如何呢?康熙三十四年(1695年)成书的《张氏医通》记载:"迩年有种痘之说,始自江右,达于燕齐,近则遍行南北。"可见在 17、18 世纪之交，人痘术已在全国广泛推行。至于人痘术的效果，乾隆二十九年（1764 年），徐大椿在《兰台轨范》中记载：

> 痘疮无人可免。自种痘之法起，而小儿方有避险之路。此天意好生，有神人出焉，造良法以救人也。然往往以种痘仍有死者，疑而不敢种。不知乃苗之不善，非法之不善也。况即有死者，不过百中之一；较之天行恶痘十死八九者，其安危相去何知也！

由此可见，当时人痘术已经有了很好的接种效果。

人痘术的西传

我国人痘术的西传有两条路径，下面分开来谈。

第一条路径的核心人物是英国驻土耳其大使夫人蒙塔古女士。1713 年，她的弟弟刚 20 岁时因患天花去世，留下了两个孩子。1715 年，蒙塔古夫人也患上了天花，幸运的是她活了下来，但是严重影响了她的容颜。1716 年，她的夫君被任命为英国驻土耳其大使，她便随同前往君士坦丁堡。正是在那里，她满怀惊讶地见到了当地早已流行的人痘术。1719 年 4 月，她在给一位朋友的信中写道：

> 天花，如此致命而在我们中间又那么普遍，在这却因为"嫁接术"（ingrafting）——他们用的一个术语——的发明而变得毫无危险性。这里有一批老妇人每年秋天以施行此术为业。9 月时，大热天已经过

去，人们互相转告，使那些家中有人想种痘的家庭知晓。他们就聚在一起（通常有十五六人），那老妇人带着那些用果壳盛满的最好的痘浆而来，她会问（接种者）愿意切开哪里的静脉。她很快地用一枚大针将之划开（这使人不会觉得比普通抓痒更痛）；随后用针沾上尽可能多的毒液放进划开口子的静脉内；接着就包扎一片有一点凹陷的贝壳在小伤口上。一般要划四或五处静脉。希腊人普遍有这样的做法：在前额中间、双臂和双乳各划一个十字符号，但是这样做会影响人的形象——这些小伤口会留下小疤，因而有些人会选择在腿或臂上隐蔽处施行。孩子们或年轻的病人们当天余下的时间就在一起玩，良好状态一般会持续到第8天。随后会发起热来，他们需要卧床2天，极少数为3天。他们的脸上会稀疏地出现20或30个痘疱，但绝不会留疤。在8天时间内他们就能恢复到与以前一样。在发痘期间，伤口处会一直有疮脓。我觉得这对病情具有巨大疏解作用。每年有成千人接受此术。法国大使愉快地说，他们传种天花就好像别的国家取水一样（容易）。没有一例死于此术。您可以相信，我对这一实验的安全性非常满意。因而我打算在我亲爱的小儿子身上试一试。

　　蒙塔古夫人确实这样做了，在使馆一位外科医生的帮助下，她给5岁的儿子实施了人痘术。后来当她返回英国后，1721年她又给3岁的女儿接种了人痘。这是英国人痘术的开端。

　　协和医院早期的创办者德贞考证过，蒙塔古夫人在土耳其见到的人痘术来自中国，"这种方法……从中国传到了土耳其。另外，土耳其人与中国人交往甚密，并把从中国学到的知识向西传播"。

　　另外，研究者从英国皇家学会的档案中发现了比蒙塔古夫人还早的史料,这是第二条路径。1700 年,英国皇家学会发生了两件与中国人痘术有关的事。第一件是英国医生马丁·李斯特收到一封这年 1 月 5 日从中国发出的信。寄信人是一位东印度公司派往中国的生意人,在信中他提到了中国的人痘术,并详细描述了他见到的情形。巧合的是,皇家学会档案也记载,这年 2 月 14 日,英国医生哈沃斯在皇家学会作过一报告,内容是讲中国人预防天花的人痘接种实践。目前可靠的结论是两件事彼此独立,没有因果关系。但是这确凿表明了最晚在 1700 年,英国已经获得了中国人痘术的有关消息。不过,这两件事并未对英国社会产生什么影响,没得到任何付诸实践的回响。

尽管人痘术有不俗的预防效果,但是更加安全、可靠的对天花的免疫手段是由英国人琴纳发明的。

琴纳发明牛痘术

2002 年,英国广播公司(BBC)做了一项民意调查,选出了 100 个历史上最伟大的英国人。接下来我们要谈到的主人公琴纳(也译作詹纳)位列第 78 位,排行榜中与其名次最接近的科技名人是提出现代通用计算机思想的巴比奇(第 80 位)和第一次工业革命的标志性人物瓦特(第 84 位)。当然只要是排行榜,必然会有争议,这里不讨论琴纳为何比巴比奇或者瓦特排名还要靠前,而是说琴纳以其杰出的工作——发明了牛痘术而赢得了后人的尊重和敬仰。

1749 年 5 月 17 日,琴纳生于英格兰的一个牧师家庭,家里 9 个孩子中排行第八。他 5 岁时成了孤儿,由哥哥抚养长大。13 岁时,他在一名乡村医生那里作学徒,正是在担任学徒那段时间,他听到奶牛场的一位挤奶女工说,她患过牛痘而不担心再患天花。琴纳当时并未深究,但一直铭记在心。1770年,琴纳到伦敦的圣乔治医院跟随著名的外科医生亨特学医,在临床手术方面获得了丰富经验。1773年,琴纳返回故乡,当了一名医生。

图5-3 琴纳

琴纳在家乡行医期间,重新思索了早年患过牛痘的挤奶工对天花的免疫问题。也就在那几年,欧洲陆续有人进行了接种牛痘疫苗的实验。比如1774年,英格兰多赛特郡的一个农民本杰明·杰斯蒂将农场一头患病奶牛的牛痘疱液转移到妻子和两个孩子身上,成功地避免了天花感染。经过多年的观察、对比、分析后,琴纳认为:对人接种人的天花疫苗有危险,可以通过接种没有危险的牛痘疫苗进行免疫;牛痘疫苗可以从一个人传给另一个人。

1796年5月14日,琴纳掀开了人类免疫史上新的一页。他从一位名叫奈尔姆斯的挤奶女工手上所患牛痘脓疱中取出痘浆,接种到一个叫菲浦斯的8岁男孩手臂中(通过手臂皮肤上的两个小切口)。第3天,菲浦斯手臂上接种处出现了小脓疱;第7天,他的腋窝有些不舒服(腋下淋巴结肿大);第9天,他感到周身有点冷、食欲不振,并且有些头痛;第10天时,病症完全消失了。为了验证菲浦斯是否真的对天花产生了免疫力,接种后大约6个星期,琴纳

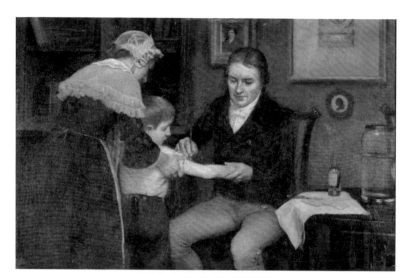

图5-4　琴纳为菲浦斯接种

提取天花患者的脓疱液接种到菲浦斯的手臂中。结果菲浦斯安然
无恙，实验大获成功，从而说明了他的免疫系统抵挡住了天花病毒
的侵袭。为了确保万无一失，琴纳又在菲浦斯身上做了20多次的
"天花接种"实验，全都成功了。

　　1797年4月，琴纳向英国皇家学会递交了一份有关牛痘接种的
实验和观察结果。遗憾的是，皇家学会以论据不足为由拒绝刊
载。琴纳没有灰心，继续补充了一些材料和实验案例，在第二年自
费印刷了论文《种牛痘的原因与效果的探讨》。在这篇论文中，他
首次提出了"病毒"（virus）一词，通过23个案例系统描述了牛痘的
形态特征，阐述了牛痘取浆、接种方法以及接种后预防天花的效果
等，其中写道：牛痘和天花的脓疱相似，患牛痘和患天花的症状也
相似，所不同的是牛痘比天花的症状要轻得多，牛痘不会引起牛的
死亡，患牛痘的人也不会死亡。

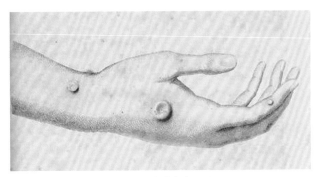

图5-5　琴纳论文插图之一

也正是在这篇文章中,琴纳根据拉丁文"奶牛"(vacca)和"牛痘"(vaccinia)这两个词创造了"疫苗接种"(vaccination)。

新生事物总是会遭到顽固势力的嘲讽甚至绞杀,牛痘术也不例外。英国讽刺漫画家詹姆斯·吉尔雷在1802年创作了一幅反映当时英国社会对牛痘接种术的恐惧场景:接种了牛痘的人们在身体的许多部位,头上、胳膊上、嘴中、鼻子上等长出了牛角或者牛头!

图5-6　牛痘接种术(讽刺漫画)

青山遮不住，毕竟东流去。1799 年和 1800 年，琴纳分两次发表了有关牛痘接种实验的观察和结果，算是对 1798 年论文的补充。1799 年，瑞士医生让·德·卡罗首次在欧洲大陆实施牛痘术，对象是他的两个儿子。在意大利，由于萨科等人的推动，政府在 1802 年和 1804 年宣布了两项疫苗接种法令。1800 年，美国哈佛大学医学院教授沃特豪斯为自己的孩子接种了牛痘疫苗。他还致信当时的美国副总统杰弗逊，推动牛痘术在美国的推广。

琴纳因发明牛痘术得到了应有的荣耀，1802 年英国国会批准了授予琴纳 1 万英镑奖金的决定，5 年后又追加了 2 万英镑奖金。琴纳因为发明了牛痘术成了世界的英雄。1805 年，英法两国正处在交战状态，琴纳利用他的影响力向拿破仑呼吁释放两名英国战俘。拿破仑得到琴纳的求情，慷慨应允，他说："我不能拒绝琴纳。"因为拿破仑也用琴纳发明的牛痘术为他的军队接种了疫苗。

120 多亏了盘尼西林——青霉素的发现和应用

图 5-7 是一张第二次世界大战时的宣传画，写着："多亏了盘尼西林，他才可以回家！"这里的"盘尼西林"是青霉素的音译，这是人类最早使用的抗生素，在第二次世界大战时它挽救了数以百万计的人的性命。据有关统计，自青霉素用于临床以来，迄今挽救的人口数量多达 8000 万到 2 亿之间。青霉素的发现与生产，与四位科学家有关，他们分别是弗莱明、钱恩、弗洛里和希特利。他们四人是什么关系呢？1998 年牛津大学病理学教授哈里斯说道："没有弗

莱明,便没有钱恩和弗洛里;没有钱恩,就没有弗洛里;没有弗洛里,就没有希特利;没有希特利,就不会有青霉素。"这究竟是怎么回事呢? 我们还得从弗莱明说起。

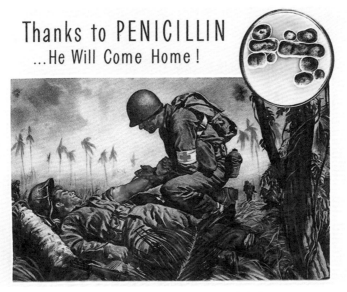

图5-7 第二次世界大战时的青霉素宣传画

图5-8 左起:弗莱明、钱恩、弗洛里

弗莱明的意外发现

　　许多重大科学发现产生于不经意的一瞬,往往是新的实验现象所致。这时不但需要敏锐的观察力,还需要一个有准备的头脑,正如著名微生物学家巴斯德所言:"机遇往往只给那些有准备的头脑。"1920年代弗莱明的两次发现均是如此。

　　在20世纪20年代,人类在寻找对抗微生物感染的研究中举步维艰。除了奎宁对抗疟疾、洒尔弗散治疗梅毒和锥虫病外,化学治疗手段仍十分有限。

　　第一次世界大战期间,弗莱明服务于英国皇家陆军医疗队,从事伤口感染的治疗工作。战争结束后,他回到伦敦圣玛丽医院继续从事伤口方面的研究。1922年,他在急性鼻炎患者的鼻分泌物中偶然发现可以杀死某些细菌的物质,5月他发表了论文《在组织和分泌物中发现了一种值得注意的溶菌物质》,并将这种物质命名为"溶菌酶"。由于这种抑制物可由人体大多数组织和其他动植物组织分泌,本来前景看好,但后来发现溶菌酶仅对无害的微生物有效,对引发严重疾病的微生物没什么效果,使得它在治疗上的价值大打折扣。

　　1928年青霉素的发现更具偶然性。1928年8月,弗莱明和家人到萨福克郡度假,在出发前他把所有的葡萄球菌培养皿堆放在了工作台的一角,以便在他度假时把工作台留给新进的年轻研究人员斯图亚特·克拉多克使用。9月3日他度假归来后,走到工作台检查堆在一角的培养皿,这时正好他的前助手梅林·普赖斯到访。弗莱明拿起最上面的培养皿,挪开了盖子,结果发现了奇怪的现象：在靠近培养皿的边缘处，有一直径大约2厘米的霉菌，靠近这片霉菌的区域葡萄球菌明显被溶解了，再远的区域则是正常的葡萄球菌菌落。弗莱明不由自主地感慨道："好有趣！"站在一旁的普赖斯说道："这正是当年发现溶菌酶的路子。"的确如此，这种现象恐怕只有弗莱明这样经历过发现"溶菌酶"的头脑才会注意到并引起重视。

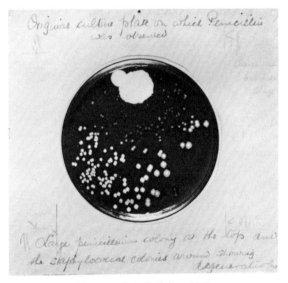

图5-9 当年的培养皿照片

随即弗莱明对这一现象进行研究，最早的实验记录是在10月30日。他将霉菌菌落在常温下于培养皿中培养5天，再将其他多种生物培养液以条状穿过菌落，然后对培养液进行培养。实验结果是：某些生物体直接朝霉菌生长，而葡萄球菌在霉菌2.5厘米前停了下来。这表明霉菌培养液中包含有对葡萄球菌有溶菌作用的某种物质。

弗莱明鉴定了这种霉菌为青霉属,它对所有革兰氏阳性病原体均有效,而该病原体引发的疾病包括白喉、淋病、脑膜炎、肺炎、猩红热等。1929 年 3 月,弗莱明把这种霉菌汁里的抗生素称为"青霉素";5 月,他把实验报告发表在了《英国实验生理学杂志》上。

尽管弗莱明发现了青霉素,但青霉素的临床应用还无法提上日程,主要原因是青霉素的提纯问题还无法解决,也就是说青霉菌培养液中的有效成分太少。每毫升青霉菌分泌的液体中仅有 0.000002 毫升的活性青霉素,而且如此微量的青霉素很容易变质。有一次弗莱明把青霉素通过静脉注射给兔子,结果 30 分钟后便消失在了血液中,可见其无法穿过感染的组织,将表皮下的细菌消灭。

青霉素的应用

弗莱明发现了青霉素,但是经过钱恩、弗洛里和希特利三人,才将青霉素大规模生产出来并应用于临床。

1935 年,弗洛里被任命为牛津大学林肯学院的病理学教授。很快,他组建了一支研究团队,其中有钱恩、希特利、亚伯拉罕等。1938 年,钱恩首先阅读了弗莱明在 1929 年发表的实验报告,并把它分享给弗洛里。弗洛里于是决定把研究团队的重心转移到青霉素上。团队成员密切合作又各有分工:钱恩和亚伯拉罕一起做纯化青霉素的工作,希特利改进了用乙醚提取青霉素的办法,加德纳和奥尔尤因研究青霉素如何与其他微生物反应,弗洛里与詹宁斯一起考察青霉素对动物的影响。其中希特利改进乙醚提取的方法值得大书特书,因为这是青霉素提纯工作的关键。他在含有青霉素的溶液中加入酸,再加入一些乙醚,摇动溶液后,青霉素脱离酸溶液进入乙醚,大部分杂质留在酸溶液中。接下来的工作是从乙醚中提取青霉素,希特利向乙醚中加入 pH 为中性的水,然后摇动溶液,这样青霉素便回到清洁的水中,然后通过冷冻干燥技术进行提取。

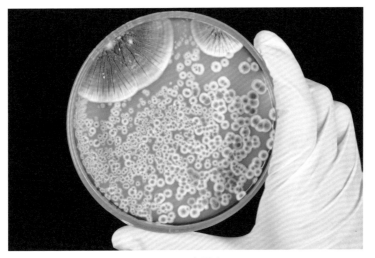

图5-10 青霉素

1940 年 5 月 25 日,弗洛里团队对青霉素进行了一次关键实验。上午 11 点时,团队给 8 只小鼠分别注射了足以致死剂量的链球菌。中午时,对其中 2 只分别注射了 10 毫克的青霉素,另 2 只分别给一半的剂量,剩下 4 只作为对照组。在接下来 10 小时内,再给中午注射一半剂量的小鼠 4 次进药,剂量同前。到第二天凌晨 3 点多时,对照组 4 只小鼠全死掉了。仅注射了 1 次的 2 只小鼠在 2～6 天内死去,多次注射的 2 只小鼠健康地活了下来。实验结果极大地鼓舞了弗洛里的团队。当年 8 月,弗洛里和钱恩把实验结果发表在了《柳叶刀》，他们已经认识到，青霉素具有重大的临床价值，考虑到当时正是第二次世界大战时期，这对战场上的伤员具有重要意义。

1941年1月上旬，弗洛里团队准备就青霉素的毒性做人体试验。第一位接受治疗的是一名女性癌症晚期患者。注射青霉素之后，她出现了明显的颤抖并且体温急剧上升（发烧）。亚伯拉罕分析后明确指出，这是青霉素中的热原性杂质导致的。亚伯拉罕建议继续将青霉素纯化，去除残留的热原杂质。2月，一位名叫亚历山大的43岁男性警察接受了青霉素治疗。有一种说法是亚历山大在花园修剪玫瑰枝时被枝条刺破了脸，伤口被感染已经产生了脓肿。还有一种说法是，亚历山大在一次执行公务中因轰炸受伤感染。无论如何，当时他已经在牛津的拉德克利夫医院住院治疗，并且明确为严重的葡萄球菌和链球菌感染。最初亚历山大接受了200毫克剂量的青霉素，接下来5天内需要每3小时注射300毫克的剂量。在第一个24小时内，他的病情大有改观。不幸的是，当时青霉素的供应量无法满足需求，弗洛里的团队需要收集亚历山大的尿液，然后由钱恩进行纯化再提取继续利用，这个过程漫长且不能生产足量的青霉素，最终因青霉素短缺治疗终止。3月初，亚历山病情复发，大约一个月后不幸去世。

从1941年到1942年间，弗洛里的团队进行了一系列临床试验，包括170位患者。结果表明，青霉素在抵抗细菌感染方面效果极佳，没有任何毒副作用。但是摆在弗洛里团队面前的困难是，青霉素的商业化生产无法解决。

团队准备在英国寻找机缘，但由于英国正遭受战争的破坏以及资金问题，一时找不到机会。1941年7月，弗洛里和希特利飞往美国。功夫不负有心人，他们到达美国后，不但打动了美国政府——很快多家制药公司开始生产青霉素，而且找到了更高效的生产青霉素的菌株。1942年，北非战场的军事医院开始使用青霉素处理伤口，这是青霉素在战场中首次亮相，无论对新创伤还是感染伤口均有效果。1943年，青霉素已经可以被大规模地生产出来。在1944年6月6日诺曼底登陆时，美国已经为盟军准备了230万剂量的青霉素。

尾声

1945年的诺贝尔生理学或医学奖颁给了弗莱明、钱恩和弗洛里，他们每人获得1/3的奖金。很遗憾，希特利没有在列，但这只能怪诺贝尔奖的评奖规则了，单项奖最多只能有3人。无论如何，青霉素的发现和应用，这四位先驱贡献最大。

青霉素的发现和应用，是人类医学发展史上的重大事件。它开创了人类研制抗生素的先河，此后链霉素、氯霉素、四环素、土霉素、红霉素等相继问世，它们一起成了人类对抗细菌感染的有力武器。

◆**小知识**

一般而言,诺贝尔三大科学奖主要由提名、评估、遴选三步评出。那么谁有资格提名呢？以生理学或医学奖为例,包括在世的诺贝尔生理学或医学奖得主、在世的化学奖得主、斯德哥尔摩卡罗林斯卡学院诺贝尔大会成员(若干教授)、瑞典皇家科学院医学或生物学领域院士(含外籍院士)等。提名表格收集上来后,由诺贝尔委员会邀请专家进行评估、建议。在每年的10月初由诺贝尔大会进行投票表决,产生最终人选。每年的提名信息均会在50年后解密公开。根据诺贝尔基金会的章程,每年每项奖金最多同时颁发给3个人。

微信扫码

看科学实验小视频高效学习
添加学习助手获取服务

第6章

实验人物之美

　　没有了科学实验的主体或实践者,一切都无从谈起,故"人物"是科学实验的灵魂。以著名的两个科学实验室为例,卡文迪许实验室因卢瑟福而名扬天下,劳伦斯伯克利国家实验室因劳伦斯而熠熠生辉。科学实验人物也各具特色,有的善于统筹设计,有的善于仪器制造,有的专长在洞察秋毫,有的专长在结果分析。法拉第被誉为最伟大的实验物理学家,尽管他出身卑微,但凭借卓越的实验技能与超凡的洞察力,完成了一系列电磁实验,影响并变革了整个世界。吴健雄,这位从江苏太仓走向世界的华人女子,最终成了举世公认的"β衰变的女王"。正是她带领的小组,率先完成实验,验证了李政道、杨振宁提出的宇称不守恒理论。还有一位"洋教授"戴维,他是英国人,不远万里来到中国,加入我国的科普事业中。他怀着满腔热忱,到各地为孩子们演示化学实验、普及化学知识,他用兴趣的火苗燃起了一片炽热的化学海洋。

卓越的实验大师——法拉第

英国皇家研究院的"圣诞讲座"享有盛名,它自1825年创办以来,除了在第二次世界大战期间停办了几年外,一直延续至今。在"圣诞讲座"的早期历史上,法拉第是一位至关重要的人物,这一节我们就围绕他展开。

关于英国皇家研究院,这里有必要做些解释和澄清,不但许多读者会把它与著名的英国皇家学会混淆,就连一些专门做科学史

图6-1 法拉第

的人也常常搞混。英国皇家学会，它的英文全称为"伦敦皇家自然科学促进学会"（The Royal Society of London for Improving Natural Knowledge），简称为"皇家学会"（The Royal Society）。它的历史要早得多，成立于1660年，是世界上最早的科学社团之一。皇家研究院（Royal Institution），有时也被译作皇家研究所，成立于1799年，其主要创立者是伦福德伯爵（在"测量热功当量"那里提到过他），建院目的是："为了传播和促进实用机械发明和改进方面的综合性介绍，为了以哲学讲座和实验形式的课程教授科学在日常生活中的应用。"

之所以说法拉第是"圣诞讲座"早期历史上的一位关键人物，是因为从1827年到1860年期间，法拉第一共担任了19次，也即19年的"圣诞讲座"主讲。其中主题为"蜡烛的化学史"系列讲座他讲了两次，分别是1848年和1860年。该系列讲座后来结集成书发行，广受欢迎，已经成为世界科普领域的经典之作。在这本小书里，法拉第围绕蜡烛的燃烧演示了一些小实验，通过他卓越的科普技巧，向少年儿童完美地阐释了科学探究的魅力。下面看看他是如何通过小实验阐明烛油的气化状态的。

要想对蜡烛的科学原理获得全面了解，有一点绝不能忽略，那就是烛油的气化状态。为了帮助大家认识这个问题，我来阐述一个挺有意思但又极其普通的实验。假如我们非常灵巧地吹灭一支蜡烛，我们就能看到蜡烛上面有烟冒出来，这股烟味儿，我想大家是时常闻到的，它叫你的鼻子怪不舒服的。这时候，你应该能非常清楚地看出，这股袅袅上升的青烟，原来就是固体的烛油变成的。现在，我把这些点着的蜡烛吹灭一支，要吹得很小心，不让它周围的空气引起

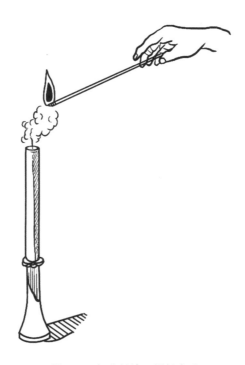

图6-2 气化烛油可燃性实验

波动,然后再拿根点着的小棍,放在离烛芯5～7厘米的地方。这时大家就会看到,有一条长长的火舌,穿过小棍与烛芯之间的空间,径向烛芯扑去,又把吹灭的蜡烛点燃了。要产生这种现象,做的时候动作一定得干净利落,不然的话,那股冒出来的可燃性气流,或者是赢得了冷却时间,凝聚成一种液体或固体,或者是受到扰乱,烟消云散了。

　　在20世纪之前的大科学家中,像法拉第这样能亲自面向少年儿童进行科普并留下科普著作的,屈指可数。而且,法拉第本人的成长经历,以及他在科学实验方面所具有的洞察力和所获得的成就,应当成为每一位青少年学习的榜样。

图6-3　1856年法拉第在"圣诞讲座"演讲

戴维发现了他

自牛顿时代以来,绝大多数一流的科学家在早年都受过良好的教育,但法拉第是一个例外。1791年9月22日,法拉第出生于伦敦市郊的一个铁匠家庭,他是家里的第三个孩子。由于家境不好,他仅受了很少的教育,学会了基本的读写知识和基础的算术。1804年,他到距家不远的一家书店做起了童工。第二年,他"晋升"为学徒,成了一名装订工。在装订书的过程中,他有条件接触到大量图书,并对其中的科学书籍有了兴趣,比如《不列颠百科全书》中的科学条目、简·马塞特(她是当时一位颇受欢迎的女性科普作家)的《化学对话》等。他不但认真阅读,还做了大量笔记。

1812年的一天,书店的一位老顾客威廉·丹斯询问法拉第是否愿意去听皇家研究院戴维的四场讲座,因为他手上正好有多余的

图6-4 戴维

门票。法拉第抓住了这求之不得的机会，没想到这件事完全改变了他的命运。

这位戴维可不简单。现在我们知道化学元素一共有118种，其中天然元素有94种，而戴维一人就发现了其中的7种：钾、钠、钙、镁、钡、锶、硼。他后来还担任了英国皇家学会的会长。1801年，戴维以助教身份加盟皇家研究院，在那里他如鱼得水，特别是他的科学讲座备受欢迎，达到了一票难求的程度。有人这样形容戴维：戴维是魅力四射的演讲者，尤其是那非凡的化学演示环节，使得他的课程门票总被大家哄抢。在当时，皇家研究院的收入大多依赖课程的门票收入，所以戴维的课堂演示大受欢迎之后，研究院建造了英格兰设施最好的实验室。

戴维的好友、英国诗人柯勒律治曾说："如果戴维没有成为顶级的化学家，他可能会成为这个时代最伟大的诗人。"

那次戴维的四场讲座，是以"酸的本质"为主题展开的。这是当时的一个热门研究领域，因为按照稍早的拉瓦锡的观点，一切酸都需要含有氧，但是戴维通过一系列实验发现盐酸（HCl）并不含有氧。法拉第认真听了讲座，并做了详尽的笔记，他还为一些数据制作了图表,然后利用自己的看家本领将它们装订在一起,足足有300多页,随后他鼓起勇气给戴维写了一封信。他对科学事业向往已久,希望得到戴维的鼓励和支持。很快戴维回信了,他对法拉第巨大的热情、强大的记忆力和专注力感到非常高兴。

　　无巧不成书。就在 1812 年秋天,法拉第的 7 年学徒期就要结束了。也就在这个秋天,戴维因为一次实验事故损伤了视力,他急需一位助手,帮他做实验记录并干些杂务,他想到了法拉第。就这样,法拉第成了戴维实验室的助理实验员。从此世间少了一位装订工,却多了一位未来的科学新星。

　　几个月以后,法拉第遇到一个千载难逢的好机会。戴维要带妻子和法拉第一同到欧洲大陆旅行,其实这是一次游学,并且时间长达一年半。法拉第的身份是戴维的助手。1813 年 10 月,他们从伦敦启程了。就在当天,法拉第兴奋而略有担心地写道:

　　今天早晨,我的生活开始了一个新时期。在我的记忆中,我从未到过离伦敦 12 英里(约 19 千米)以外的地方,现在我可能要离开它若干年,去访问那些遥远的地方。我们在这个时候把自己委身于一个敌对国(他们先赴法国,当时两国处于战争状态——引者注),的确是一种奇怪的冒险。

　　在法国,他们见到了安培(电流单位即以其命名);在意大利,他们见到了伏特(电压单位即以其命名);在瑞士,他们成了德拉里夫(电学专家)家中的客人。这次长途游学,对法拉第的一生而言,极其重要。在与欧洲一流科学家的交流中,他开阔了视野、增长了见识,特别是这些科学家的最新实验和结果,对法拉第的启发和帮助巨大。

图6-5　电压的计量单位——伏特

　　游学带来的激励和启发很快结出了硕果。1816年,法拉第独立发表了一篇论文《对托斯卡纳天然生石灰的分析》。同年,他还协助戴维发明了安全矿灯。现在许多人知道其发明者是戴维,但很少人知道其中也凝聚了法拉第的心血。他们发明的矿灯在随后的几十年里挽救了数以千计的煤矿工人。法拉第成长很快,到1819年,他已经成了英国最著名的分析化学家,擅长分析水、黏土和各种各样的合金。1821年,他被任命为皇家研究院的助理院长。同年,他发表了自己的第一篇电磁学论文《论某些新的电磁运动兼论磁学的理论》。1824年,他当选为英国皇家学会会员。1825年,他被任命为皇家研究院实验室主任。

图6-6　法拉第在实验室

　　然而,随着法拉第学术地位的上升,戴维与他的关系发生了微妙变化。在法拉第入选皇家学院会员一事中,戴维就起了阻挠作用,尽管最终没能起效。不过法拉第始终对戴维的知遇之恩心存感激,后来(1835 年)他写道:

　　在我成为皇家学会会员之后,在科学交往方面我和汉弗莱爵士(即戴维)的关系与以前截然不同了。但是,每当我遵循他开拓的道路前进时,我总是对他深怀敬意,并对他的才能钦佩不已。

　　无论如何,在法拉第早年的科学生涯中,是戴维发现并提携了他。所以有人说,就科学史的意义而言,戴维最重要的贡献是发现了法拉第。

实验大师

  法拉第一生做了无数次实验,有物理的、有化学的,还有一些针对实际工程技术问题设计的实验,等等。比如1836年他被任命为英格兰和威尔士航海管理局的科学顾问,他对灯塔技术做了许多改进,这肯定要做一些应用性的实验,以至于现存法拉第的信件中大约有17%与灯塔有关。我们这里不准备就法拉第一生的实验史做一番概览或梳理,而是集中到1820至1831年这段时间,并且主要集中在电磁领域,看看他是如何通过实验获得重大突破的。

图6-7 奥斯特实验展示

一切还得从 1820 年丹麦物理学家奥斯特的实验说起。1820 年
4 月 21 日,哥本哈根大学教授奥斯特在一次讲座中偶然发现了电
流的磁效应,当他把一根导线置于一枚可绕固定轴旋转的小磁针
上方时,通电后小磁针会发生偏转。他回忆道:

最初的实验是这样设计的,让讲座中常用的小电槽(电池)的电流
通过一根白金细导线,这导线安放在有玻璃盖的磁针上面。实验准
备好后临时有些事干扰,没能在讲座之前做这个实验。我打算在近
期再找一个机会做,直到讲时,我认为成功的可能性还是较大的,便
在听众面前演示了这个实验。小磁针虽然包含在盒子里,但仍然受
到微弱的影响。

尽管这没有给现场的观众留下多深的印象,但是奥斯特已经
掀开了人类认识电磁关系的大幕。很快奥斯特发表了论文《关于
电流对磁针效应的实验》,电流磁效应的发现,首次揭示了电与磁
之间的内在关系,意义重大。英国物理学家托马斯·杨听闻后祝贺
奥斯特说:"这一伟大发现提高了丹麦在国际学术界的地位,这是
自第谷时代以来不曾有过的。"

奥斯特的发现把许多科学家的目光聚焦到电磁问题上来,其
中在法国有阿拉果和安培,在英国有戴维、沃拉斯顿和法拉第。法
拉第在最初探究电磁问题后,很快利用实验发现了一个重要现
象。1821 年 12 月 25 日的早晨,他给妻子演示了这一实验。

图 6-8 是当时实验的示意图。在左侧的玻璃容器 A(法拉第当
时用的是烧杯)中,导线穿过起固定作用的软木塞后浸入到容器下

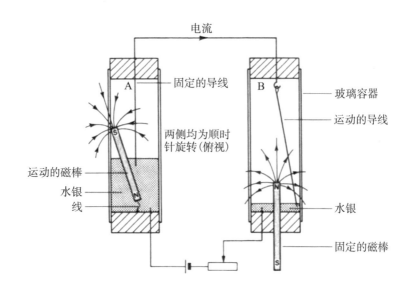

图6-8 电流对磁针的效应实验图

部的水银（汞）中，在水银中浸入一根磁棒，磁棒底部用线柔性连接在软木塞上。另一根导线通过底部的软木塞连接到电源的正极。在右侧的玻璃容器B中，从容器A顶部通过的导线穿过B顶部的软木塞后弯曲成钩状，上面悬挂另一导线（金属丝），导线下端浸入到容器底部的水银中。在容器底部中央穿过水银插入一磁棒。另一根导线穿过木塞连接水银和电源的负极。当通电后，这套实验装置呈现的现象是：容器A中磁棒绕中央导线旋转，容器B中活动导线绕中央磁棒旋转。如果你有一点初高中电磁学的基础知识就可以判断出来，从俯视的角度看，无论是A中的磁棒还是B中的活动导线，都会呈顺时针方向旋转。

这套磁棒绕通电导线旋转与通电导线绕磁棒旋转的对称实验

装置意义重大,因为这在人类历史上首次实现了电能向机械能的转化,而且实现了连续运动,从原理上看这是人类实现的首台电动机。

在法拉第的年代,人类产生电的方式无非两种:摩擦起电和利用化学物质(伏打电池)。1820年奥斯特发现电流的磁效应之后,萦绕在法拉第心头的一个想法是:既然电能产生磁,那么磁能不能生电呢? 这一想法最终变成了现实,只不过是在十多年之后。1831年8月29日,法拉第发现了电磁感应现象。

法拉第电磁感应的实验示意图如图6-9,在一软铁环上对立绕两组绝缘线圈A和B,A线圈的两端与电池相连,线圈B的两端与电流计相接。他注意到,当把左侧A线圈通上电流后,在静态情况下,电流计没有变化。只有在线圈A接通和断开的瞬间,电流计的指针才会偏转。当时他对这一现象还不能完全理解,在9月23日的一封信中,他写道:

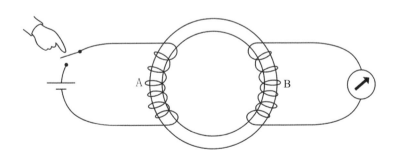

图6-9 发现电磁感应现象的示意图

我现在又忙于电磁的研究,并且认为抓到了一点好东西,但是还不能说明白。它可能是杂草而不是鱼，只要竭尽全力，我终究可以把它拉上来。

短短的几句话，完全显露了法拉第非凡的洞察力，他已经认识到该现象后面一定隐藏着某种必然的规律，并且信心满满地要把它揭示出来。法拉第在皇家研究院的继任者、英国物理学家丁达尔（也译作丁铎尔）曾这样评价法拉第的洞察力：

他既坚强又坚韧。他的动量就像一条河流的动量，把负荷、流向和能力结合在一起产生了河床的弯曲。他在任何一个方面的远见卓识显然并不影响他在其他方面的洞察力，当他期望着结果全力以赴解决一个问题时，他有能力保持头脑的警觉，因此当出现不同于他所预期的结果时，便不会逃过他全神贯注的注意。

在接下来的日子里，法拉第变换着形式做了探索性实验。10月17日，他把条形磁铁插进、拿出与电流计相连的线圈时，发现了同样的效应。1831年11月24日，法拉第在英国皇家学会一次会议上宣读了他的发现，简单概括起来就是：闭合回路中磁通量的变化会产生电流。从此人类找到了"磁生电"的途径，发明了发电机。火力发电、水力发电、核能发电、风力发电等全是电磁感应定律运用的结果。可以毫不夸张地说，电磁感应现象的发现，彻底改变了人类历史发展的进程，奠定了现代文明的基础。

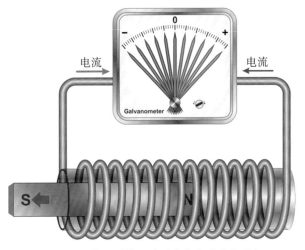

图6-10　条形磁铁运动引发的电磁感应现象

超凡的理性想象——场和力线

　　我们知道,在牛顿创建的力学体系中,有万有引力定律呈现的平方反比关系:

$$F = G\,\frac{m_1 m_2}{r^2}$$

　　在电学领域中,法国物理学家库仑得出了形式上类似的库仑定律:

$$F = k\,\frac{q_1 q_2}{r^2}$$

　　在当时,众多研究者普遍把万有引力定律中的超距作用(两物体间的相互作用不依赖时间和媒介)引入到电学领域。法拉第在发现电磁感应现象后,对电学领域的超距作用始终排斥。比如当我们左右手分别持一块条形磁铁,然后让两个N极相互靠近时,会感受到明显的排斥作用,这种力好像分布在磁体的外部。因此,他创造性地使用了"场"和"力线"的概念。笔者还清楚地记得中学时物理老师把条形或马蹄形磁铁置于一张铺满铁屑的白纸上的情形,神奇的磁力线便清晰、优雅地呈现出来。

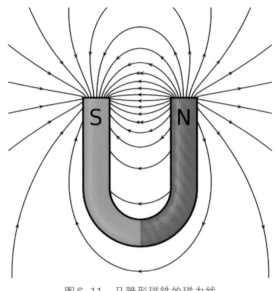

图6-11 马蹄形磁铁的磁力线

我们不能把法拉第创造"场"和"力线"的原因归咎于他先天所受教育的匮乏,诚然他受的教育不足以使他用数学语言去描述这一理论,而应该视为他本人杰出创造力的一种表现。英国科学作家巴格特评论法拉第这一超凡想象力时说:

法拉第不是作为实验室的一个熟练的修理工而是作为一个具有明晰想象力的人而崭露头角的,而这种想象力又是由纯粹理性思辨锻炼出来的。

有人甚至认为，"场"和"力线"的概念可能是法拉第对物理学的最大贡献，因为它们开创了物理学的新纪元——一个建立在场概念基础上的新时代开启了。赫姆霍兹非常钦佩法拉第的直觉和想象力，他说：

> 法拉第的不少理论，必须用高深的数学分析方法才能推导出来，而他竟然未求助一个数学公式，仅仅依靠直觉就发现了它们，这是极其令人惊异的。

长江后浪推前浪，法拉第之后，麦克斯韦在他的肩膀上，完成了其理论的数学表述。法拉第的故事就讲到这里吧，这里用英国电学史专家莫特雷评价他的话作为结束：

> 法拉第的一生，是通过他的坚忍不拔的意志和努力，克服出身和教育上不寻常的障碍而获得辉煌成就的写照。

β衰变的女王——吴健雄

她因为在物理学，特别是实验物理方面的贡献，受到诸多赞誉，比如有人称她为"物理科学的第一夫人"——她最有名的传记就是这样命名的，还有人称她是"东方居里夫人"。其实，最贴切的赞誉应当是"β衰变的女王"。1997年她去世之后，李政道写过一篇回忆文章，提到她一生最重要的4篇论文，其中3篇与β衰变直接相关。第3篇论文第一次用实验否定了宇称守恒定律，同时也否定了粒子-反粒子对称的假设，促成了李政道、杨振宁1957年获得诺贝尔物理学奖。她就是著名的实验物理学家——吴健雄。

图6-12　吴健雄

"吴"家有女初长成

　　1912年5月31日，吴健雄出生于江苏太仓市浏河镇的一个书香门第。父亲吴仲裔早年毕业于南洋公学（现上海交通大学的前身），后加入了中国同盟会，参加了革命党人的反清斗争。二次革命失败后，他回到家乡浏河，和妻子樊复华创办了"明德女子职业补习学校"，并亲任校长。明德学校开创了该地区男女同校的先河。吴健雄正是在这样的家庭环境中成长的。

吴健雄先是在明德学校读书,后来考入了苏州第二女子师范学校。1929 年,她从师范学校毕业后,又到上海的中国公学继续读书。之所以到中国公学,主要是受胡适的影响,因为之前她在师范学校听过胡适的演讲,一时敬佩不已,而胡适当时正担任中国公学的校长。在中国公学读书期间,发生了一件颇能说明吴健雄天资聪慧的事。

胡适有一次在教务处谈到自己班上的一名学生,成绩非常优异,每次都得 100 分。结果在场的杨鸿烈、马君武也说到自己班上有一名学生,考试每每也得 100 分。三人核验名字,原来是同一名学生——吴健雄。

1930 年,吴健雄以师范学校保送生的名额(在中国公学算过渡)进入中央大学深造,最初是在数学系,后转入物理系。1934年,她在施士元教授的指导下,完成了《证明布喇格定律》的毕业论文。毕业后她先在浙江大学物理系担任助教,随后又到位于上海的中央研究院物理研究所任研究助理。在那里,她遇到了我国第一位物理学女博士顾静薇(也作顾静徽)。顾静薇 1931 年在美国密歇根大学获得物理学博士学位。当时她在上海大同大学任教,兼任中央研究院物理研究所研究员。顾静薇与吴健雄相处一段时间后,发现她聪明上进,但物理研究所实验条件落后,便建议并推荐她到美国密歇根大学继续深造。

1936 年 8 月,吴健雄乘坐客轮前往美国,她首先抵达西海岸的旧金山,那里离著名的加州大学伯克利分校不远,她准备在伯克利做短暂停留,看望一位姓林的同学,然后再前往密歇根大学。刚到伯克利时,中国留学生俱乐部安排了一位刚到美国不久的中国学

图6-13　年轻时的吴健雄

生带她去参观著名的劳伦斯实验室。该实验室以发明了回旋加速器的美国核物理学家劳伦斯而得名,劳伦斯后来因此获得了1939年的诺贝尔物理学奖。吴健雄被加州大学伯克利分校的科研环境和劳伦斯实验室的一流设备所吸引,感觉这里是自己理想的求学之地。就在那段时间她了解到,相比于密歇根大学,伯克利在男女平等方面要开明得多,于是她决定留下来。后来,吴健雄在物理学家赛格瑞的指导下于1940年获得了博士学位。就这样,吴健雄掀开了她在物理学研究中的新的一页。当年那位带她参观劳伦斯实验室的中国学生,多年后成了她的丈夫,他叫袁家骝,后来也成了一位物理学家。

弱相互作用下宇称不守恒理论的提出

现在我们知道，是吴健雄及其合作者率先进行了 β 衰变的实验，验证了李政道、杨振宁提出的宇称不守恒理论，促使他们获得了 1957 年的诺贝尔物理学奖。宇称不守恒理论的提出，与当时的"θ-τ 之谜"有关，谈到这个问题，需要先把"宇称守恒定律"解释下。

关于物理中的"守恒"，一般读者并不陌生，比如能量守恒定律、动量守恒定律等。"宇称守恒定律"也类似，它是在 1956 年之前描述微观粒子的一个物理学界默认的规则或者说铁律。那么什么是"宇称"呢？我们先谈比较容易理解的镜像对称或左右对称。

比如我们在镜前拿一把水枪，当向上方射水时，镜中的水枪也向上方射水；如果向西方射水时（镜子南北放置），镜中水枪则会向东方射水（方向以镜中像为参考）。这种状况，我们称之为镜像对称或左右对称。所有力学现象和电磁现象均具有这种对称性。

对微观粒子而言，其镜像变换也是类似情况，一种是经过变换后能得到原来的态，也即：

$$\psi(-x,-y,-z)=\psi(x,y,z)\ \left[\text{可以联想下偶函数}f(-x)=f(x)\right]$$

还有一种是经过变换后，得到负的原来的态，也即：

$$\psi(-x,-y,-z)=-\psi(x,y,z)\ \left[\text{可以联想下奇函数}f(-x)=-f(x)\right]$$

物理学家规定，前者具有偶宇称（用 +1 表示），后者具有奇宇称（用 -1 表示）。

1956 年时，物理学家已经发现两种奇异粒子 θ 和 τ（一种基本粒子）除了衰变方式不同外，其余物理性质完全一样。

$$\theta^+ \rightarrow \pi^+ + \pi^0$$

$$\tau^+ \rightarrow \pi^+ + \pi + \pi^+$$

当时已知 π 的宇称为奇（－1），那么反推 θ 的终态宇称为（－1）×（－1）＝1，为偶；同样，τ 的终态宇称应该为（－1）×（－1）×（－1）＝－1，为奇。

这样，如果从两种粒子的物理性质判断，它们应该是同一种粒子；但如果从宇称守恒定律看，它们又不会是同一种粒子。这便是当时粒子物理界的"θ-τ 之谜"。

那时在美国留学并已工作的两位年轻的中国人把握住了历史机遇并创造了历史，他们是李政道和杨振宁。李政道当时在哥伦比亚大学任职，杨振宁在普林斯顿高等研究院。面对"θ-τ 之谜"，杨振宁回忆道：

那时候，物理学家发现他们所处的情况就好像一个人在一间黑屋子里摸索出路一样，他知道在某个方向上必定有一个能使他脱离困境的门，然而这扇门究竟在哪个方向上呢？

随即两人展开了合作，他们发现在强相互作用和电磁作用过程中，宇称守恒性已经得到确凿的实验支持，但是对弱相互作用下的宇称守恒，并没有任何实验予以证实，只是物理学界一种想当然的"默认"而已。1956 年 10 月，两人合作完成的论文《弱相互作用中宇称守恒的问题》发表在了《物理评论》上，同时他们还给出了解决这一问题的实验构想。最早对宇称不守恒思想进行判决性实验的正是吴健雄。

一锤定乾坤

早在1956年初春,李政道就到吴健雄的办公室去谈论"θ-τ之谜"及其相关实验问题,他们那时均在哥伦比亚大学任职。由于吴健雄已经是β衰变方面的专家,她当时便建议可以用退磁的方法得到极化的钴-60β源,这里需要对吴健雄的实验思想解释下。

钴-60原子核的β衰变过程为:

$$^{60}_{27}\text{Co} \rightarrow ^{60}_{28}\text{Ni} + e^- + \bar{\nu} \quad \text{其中}\bar{\nu}\text{是反中微子}$$

如图6-14,设一个原子核钴-60,其自旋方向如图向上(左),那么其镜像自旋方向则向下。当原子核沿着自旋的反方向发生β衰变发射出电子(e^-)时,其镜像过程则会沿着自旋方向发射出电子。如果β衰变时宇称守恒,则互为镜像的两种过程均能实现。或者说,沿着原子核自旋方向射出电子与沿着原子核自旋反方向射出电子的概率应该一样。否则,就表明宇称不守恒。可见,只需要测量两个方向发射出电子的概率是否相等就能起到判决性实验的作用。

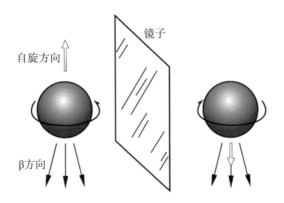

图6–14　极化核钴–60β衰变镜像过程

　　这便是吴健雄实验的基本思路。之所以说要"用退磁的方法得到极化的钴–60β源",是要用降温的办法使大量钴–60的原子核自旋方向按照一定取向排列起来,否则由于热运动原子核的自旋会杂乱无章。同时为了保证样品中原子核自旋都在同一方向,还要把样品置于电磁铁产生的强磁场中,因为钴–60原子核不但有自旋,还有磁矩,就像小磁针一样。

　　那年春天,吴健雄本打算和丈夫袁家骝到日内瓦参加一个高能物理的国际会议,然后到远东旅行讲学,并且已经预订好了船票。尽管当时她感觉宇称守恒定律是错误的可能性不大,但她还是迫切希望有一个明确的检验,并且要抢先在别人意识到该实验的重要性之前完成。于是她选择留下来做实验,让袁家骝一人前往欧洲。她认为,即使实验结果显示在β衰变中宇称是守恒的,也可以省去他人就宇称是否守恒再去实验的必要。

　　吴健雄也面临着挑战,要把β探测器安装在一个液氮低温恒温器内才能正常工作,而当时在美国,只有少数几个低温实验室的装备可以做核取向实验。她联系上了华盛顿特区国家标准局的安布勒博士,与他的团队合作。1956 年 6 月,双方已达成了合作意向。

　　克服了重重困难,曙光终于显现。1956 年年底,实验的结果已经大致确定了,宇称不再守恒,而且实验可以重复。吴健雄把实验结果告诉了李政道和杨振宁,但是出于严谨考虑,她一再叮嘱他们先不要向外界透露消息。1957 年元旦前后,实验的结果已经确定,真是振奋物理学界的好消息。1 月 5 日,杨振宁给正在维尔京群岛度假的奥本海默(时任普林斯顿高等研究院院长)发了一封电报,告诉了他这则消息。奥本海默回电说:"走出门了。"这正是奥本海默对杨振宁当年那扇"脱离困境的门"的回应。

　　1 月 15 日下午,哥伦比亚大学物理系召开了一个新闻发布会,

图 6-15　吴健雄、李政道和安布勒(后排左一)在新闻发布会上

李政道、吴健雄和安布勒均出席，从此宇称守恒定律不再成立。在吴健雄之后，又有几组科学家用 π、μ 介子衰变也得出了同样的结论。

1957 年 10 月，李政道和杨振宁获得了当年的诺贝尔物理学奖，理由是他们发现了弱相互作用下的宇称不守恒定律。可是，第一时间用实验确证该理论的，是吴健雄及其团队。关于吴健雄未能获得诺贝尔奖的原因，众说纷纭。吴健雄本人在给斯坦伯格（1988 年诺贝尔物理学奖得主之一）的一封信中写道：尽管我从来没有为了得奖而去做研究工作，但是，当我的工作因为某种原因而被人忽视，依然深深地伤害了我。

1958 年，吴健雄当选为美国科学院院士；1975 年当选为美国物理学会首任女会长；1978 年成为首届沃尔夫奖得主。李政道在怀念吴健雄时写道，"把爱因斯坦当年称赞居里夫人的话用到她身上，再恰当不过了"：

当这样一个伟人在她生命终了的时候，我们不要只记得她对人类工作上的贡献。比起她纯学识上的成功而言，她在道德上、人格上的崇高品质对将来、对历史的作用更为重要……她的力量，她的愿望的单纯……她的科学客观的认识，她的坚忍不拔，这些优秀品格每一样都难能可贵，而集中在一个人身上更是非常非常难得的……一旦她认定了一条路是正确的，她就坚决地走下去，决不改变。

让孩子们迷上化学的"洋教授"——戴维

　　首先要声明一点,下面要提到的这位戴维可不是之前在介绍法拉第时提到的生活在18—19世纪的大科学家戴维,而是另一位名叫"戴维"(David Evans)的"老外",巧合的是他们都是英国人。这位戴维1996年便来到中国定居和工作,目前他是北京化工大学的特聘教授,同时担任英国皇家化学学会北京分会主席。这些年戴维的知名度在我国逐渐上升,怎么回事呢? 原来,戴维在科研之余,参与了许多化学科普活动,他通过奇妙的化学实验让许多中国少年儿童迷上了化学,引来媒体的竞相报道。接下来我们就讲讲戴维与他热衷的化学实验的故事。

图6-16　戴维在做化学实验

化学少年

　　戴维是地地道道的英国人,出生在英国第二大城市伯明翰。他的家庭背景完全与化学无关,他对化学产生兴趣主要是因为初中化学老师的实验课。那时他大概十一二岁,化学老师的实验课让他着了迷,他便买了一些实验仪器和化学药品,在自家的厨房里模仿化学老师做起化学实验来,从此一发不可收拾。看到他兴致勃勃,父亲便在家中的花园里给他搭建了一个专用的"实验棚"。那时他人小胆大,无论是浓硫酸还是易燃易爆的金属物质,均是他实验的材料,凭借当时有限的化学知识,他做了不少后来看起来比较危险的实验,所幸没出什么大事。戴维后来回忆说:"当时只掌握了一点点化学知识,知道如何做实验,却不知道实验有多危险。现在掌握的知识多了,知道了危险,所以有些当时做的实验我现在

图6-17　化学实验

反而不敢做了。"

到了高中,由于课业负担并不重,戴维保持了对化学实验的喜好。化学老师也对他关爱有加,并加以悉心指导,戴维受益良多,进步飞快。到了读大学时,戴维已经明确把化学作为自己的专业,他如愿考上了牛津大学。毕业后,他又继续攻读,在1984年获得了牛津大学的博士学位。接着他在布里斯托大学做了一年博士后,随后到埃克塞特大学从事教学和科研工作。少年时期的化学梦,就这样实现了。

喜欢上了中国

戴维已经记不清楚具体何时对中国产生了兴趣,也许是他在外婆家读到的《北京周报》影响了他。《北京周报》是一份英文新闻周刊,那时是从中国驻英国大使馆寄送的。当时中国还没有改革开放,戴维从《北京周报》有限的信息中初步了解了一个神秘未知的国度。而在此之前,他对中国一无所知。就像喜欢上化学实验一样,中国成了他的心之所向。

机会终于来了!1987年,有一个国际化学会议在南京召开,戴维利用这次机会第一次踏上了中国的土地。他看到了一个与《北京周报》描述不一样的国度,有点失望,但他依然充满好奇,他打算会后再深入体验一下。

会后他去了上海,也去了杭州,他深深记得当初他"四面碰壁"的场景,无论是用餐还是住宾馆,他都时常会遇到服务人员的两个字"没有"。这是他最先学会的中文。在杭州期间,他遇到两个粗通英语的年轻人。他们很热心地陪着戴维游览了西湖。从那时起,戴维就决心要学会中文。

在随后的8年里,他每年都到中国一次。每次他都有备而来,提前通过字典和磁带式录音机学习汉语,然后在中国学以致用。他的中文进步很快,同时他发现,中国的社会面貌改变得更快。他有些心动了,他决定定居中国。1996年,在朋友的帮助下,他辞去了在埃克塞特大学的工作,到了北京,与北京化工大学签约,从此,他成了北京化工大学的一名教师。身边的朋友对戴维的举动多不理解,戴维回应说,他一年回一次英国都不会感到有多大变化,但是离开十几天重返北京,便会感受到新的变化。他坚信自己的选择没错,义无反顾地来到北京。

投身科普

到了北京化工大学之后,戴维主要从事化学材料方面的研究,同时在北京化工大学参与国际学术交流中扮演桥梁和媒介作用。2005年,戴维被授予我国五大最高科技奖励之一的国际科学技术合作奖。从2011年开始,戴维又做了一个大胆的决定,他开始把相当大的精力投身到化学科普事业中去。他之前从英国皇家化学学会申请到1000英镑的资金,他打算把这笔资金用到化学科普上。很快,他带领几位研究生到北京几所民工子弟学校开展起了化学科普活动,就是给他们做各种化学实验,讲解化学原理。几次活动下来,戴维发现,由于学校实验仪器的缺乏、实验场地的限制,有时还有学校对安全因素的担忧等原因,即使是北京这样的大城市,孩子们亲自动手做化学实验的机会也并不多,更何况偏远落后的地区。戴维向北京化工大学的校领导反映了这些问题,他觉得自己能做些力所能及的事情。学校很支持他,就这样,他毫无顾虑地投身到了化学科普事业中。

总结戴维这些年的化学科普活动,主要有以下几个特点。

首先,戴维善于激发少年儿童的好奇心。通过几年的科普实践,戴维逐渐认识到,化学实验应该从小培养,从孩子做起,因为年龄小,好奇心浓厚,如果到了九年级再进行实验教学就太晚了,而且孩子们疲于应付中考,教学效果也不理想。要激发孩子的好奇心,得动脑筋,在一场科普活动中,至少要有拿得出手的精彩实验,否则就等于无米之炊。

比如他最拿手的"大象牙膏"实验,每每引发现场孩子们的欢呼和尖叫。"大象牙膏"的实验并不复杂,只需要双氧水(过氧化氢)、洗洁精和催化剂碘化钾(KI)。当把适量碘化钾导入盛有双氧水和洗洁精的瓶子或试管时,瞬间便可以从瓶口或试管口看到连续喷出的长条状泡沫"牙膏",就像火山爆发一样。如今,这种实验的视频可以很方便地在视频媒体上看到。但是对于从来没有看到过此化学反应的同学而言,一定觉得奇妙无比。"大象牙膏"实验背后的化学原理非常简单,就是双氧水的分解反应。

$$H_2O_2 \xrightarrow{\text{催化剂}} H_2O + O_2\uparrow$$

其中碘化钾是催化剂,那么洗洁精起什么作用呢?原来洗洁精是发泡剂,就是促使泡泡产生的物质。当把碘化钾加入到混合液后,加速了双氧水的分解,产生的氧气在含有发泡剂的水中迅速产生了大量气泡,从实验容器中涌出来便形成了"大象牙膏"。

图6-18　戴维在做"大象牙膏"实验

　　其次，戴维知道如何在科普活动中培养孩子的科学精神。比如有一次他参加北京的城市科学节活动，由于自己的演示区域在展厅的一角，他发现现场的孩子有点少，便亲自到展厅中央去"吆喝"招徕小朋友。我们看看他是如何"吆喝"并在和孩子的对话中传播科学精神的。下面是他们真实的现场对话：

　　戴维（对展厅中的一个小朋友A）：Hello！你看我的水是什么颜色的？

　　小朋友A：黄色。

　　戴维：黄色的英文怎么说呢？

　　小朋友A：Yellow。

　　戴维（向小朋友A展示盛装有液体的瓶子）：你确定了是yellow了吗？你仔细地看。

　　（他马上摇晃了一下瓶子）。

小朋友 A 与 B：红色的、橘色的。

戴维：真的是红色的吗？你仔细看。（继续摇晃瓶子）什么颜色的？

几位小朋友众口：绿色的。

戴维：刚才我听到了许多小朋友，包括家长，第一句话都在说："哇！很神奇！"但是你们来科学节的目的是什么？想学习科学是不是？（长大后）变成科学家，科学家不能只说"哇，很神奇"就走了，科学家要提一个问题，这个问题是什么？你想知道什么？

一个小朋友：为什么？

戴维：为什么，对！Why？这是科学家要提的问题。

……

图6-19 趣味实验

戴维就是这样循循善诱引导孩子要勇于提出问题，提出为什么，这正是培养孩子科学精神的不二法门。自2018年以来，戴维因为在网络平台上演示化学实验成了"网红",其中有一段短视频播放量竟然超过了1500万次,评论上万条。但他从不沾沾自喜,也不会为了点击量而投机取巧。他一直在踏踏实实做着化学实验方面的科普工作,有朋友问他万一在现场做实验失败了怎么办。戴维回答得很坦诚,他说他不看重面子,如果实验做砸了,正好可以与现场的同学一起探讨下失败的原因。

戴维还在为化学科普忙碌着、奔波着,他用自己的热忱和行动影响了一批又一批少年学子,正如一个现场参与过戴维科普活动的学生所言:"他用兴趣的火苗燃起一片炽热的化学海洋。"

微信扫码

看科学实验小视频高效学习
添加学习助手获取服务

参考文献

[1] (美)皮克奥弗. 从阿基米德到霍金:科学定律及其背后的伟大智者[M]. 何玉静,刘茉,译. 上海: 上海科技教育出版社,2014.

[2] (爱尔兰)蒙特威尔,(爱尔兰)布雷斯林. 光的故事:从原子到星系[M]. 傅竹西,林碧霞,译. 合肥:中国科学技术大学出版社,2015.

[3] 郭正谊. 打开原子的大门[M]. 长沙:湖南教育出版社,1999.

[4] 王卫东. 纪念卢瑟福提出原子有核模型 100 周年[J]. 物理通报,2011 (9).

[5] 席泽宗. 伽利略前二千年甘德对木卫的发现[J]. 天体物理学报,1981 (2).

[6] 刘金沂. 木卫的肉眼观测[J]. 自然杂志,1981(7).

[7] (德)费舍尔. 科学简史:从亚里士多德到费曼[M]. 陈恒安,译. 杭州:浙江人民出版社,2018.

[8] (美)凯特·凯利. 科学革命和医学:1450—1700[M]. 王中立,译. 上海:上海科学技术文献出版社,2015.

[9] (美)史蒂文·夏平. 科学革命——批判性的综合[M]. 徐国强等,译. 上海:上海科技教育出版社,2004.

[10] 吴以义. 科学从此成为科学:牛顿的生平与工作[M]. 上海:复旦大学出版社,2014.

[11] (美)米勒. 邮票上的光学史[J]. 吕荣先,译. 光谱实验室,1994(1).

[12] 沈葹. 牛顿对于光学建树的朴实记录[J]. 科学,2004(5).

[13] (以色列)哈诺赫·古特弗罗因德,(德)于尔根·雷恩. 相对论之路[M]. 李新洲,翟向华,译. 长沙:湖南科学技术出版社,2019.

[14] (美)派斯. 上帝难以捉摸:爱因斯坦的科学与生平[M]. 方在庆,李勇,译. 北京:商务印书馆,2017.

[15] (美)卡拉普莱斯. 爱因斯坦年谱[M]. 范岱年,译. 上海:上海科技教育出版社,2008.

[16] (美)爱丽丝·克拉普莱斯,特拉沃·利普斯康姆. 一路投奔奇迹——爱因斯坦的生命和他的宇宙[M]. 邱俊,译. 国际文化出版公司,2007.

[17] (美)艾萨克森.爱因斯坦传[M]. 长沙:湖南科学技术出版社,2014.

[18] APS News. 爱丁顿观察日食以检验广义相对论[J]. 萧如珀,杨信男,译. 现代物理知识,2018(3).

[19] 程民治,朱爱国等. A.S.爱丁顿:卓越的天文学家和理论物理学家[J]. 物理与工程,2011(3).

[20] 宣焕灿. 爱丁顿对天文学的卓越贡献——纪念爱丁顿诞辰一百周年[J]. 自然杂志,1982(11).

[21] 侯新杰,陈晓莉. 爱丁顿与广义相对论的验证[J]. 大学物理,2006(7).

[22] 李良. 日食观测与广义相对论的验证[J]. 现代物理知识,2008(5).

[23] 杨建邺.向太阳飞去的勇士——爱丁顿[J].自然杂志,1992(12).

[24] (美)比尔·布莱森. 万物简史[M]. 严维明,陈邕,译. 北京:接力出版社,2017 .

[25] 武际可. 称量地球的人——卡文迪许的万有引力实验[J]. 物理教学,2013(2).

[26] 朱鋐雄. 物理学思想概论[M]. 北京:清华大学出版社,2009.

[27] (美)阿米尔·艾克塞尔. 纠缠态——物理世界第一谜[M]. 庄星来,

译. 上海:上海科学技术文献出版社,2016.

[28] 吴翔,沈葹等. 文明之源——物理学[M]. 上海:上海科学技术出版社, 2001.

[29] 向义和. 物理学基本概念和基本定律溯源[M]. 北京:高等教育出版社,1994.

[30] 郭奕玲. 基本电荷的测定[J]. 实验技术与管理,1984(3).

[31] 王文全,王岩松等. 密立根油滴实验——"最美丽"的十大物理实验之十[J]. 物理通报,2003(12).

[32] 张文卿. 诺贝尔物理学奖金获得者传略[M]. 济南:山东教育出版社, 1986.

[33] 申先甲,张锡鑫等. 物理学史简编[M]. 济南:山东教育出版社,1985.

[34] 李国栋. 粒子磁矩与固体磁性:无处不在的磁[M]. 上海:上海科技教育出版社,2001.

[35] 张金松. 发现量子反常霍尔效应[J]. 科学世界,2013(6).

[36] 李海. 量子霍尔效应及量子反常霍尔效应的探索历程[J]. 大学物理, 2014(12).

[37] "科学心"系列丛书编委会. 趣味物理:与物理学对话[M]. 合肥:合肥工业大学出版社,2015.

[38] 何珂,王亚愚,薛其坤. 拓扑绝缘体与量子反常霍尔效应[J]. 科学通报, 2014(35).

[39] 何珂,薛其坤. 拓扑量子材料与量子反常霍尔效应[J]. 材料研究学报, 2015(3).

[40] (英)亚·沃尔夫. 十八世纪科学、技术和哲学史[M]. 周昌忠,苗以顺, 译. 北京:商务印书馆,2017.

[41] 史晓雷. 科学十大突破[M]. 武汉:湖北科学技术出版社,2018.

[42] (英)J.R.柏廷顿. 化学简史[M]. 胡作玄,译. 北京:中国人民大学出版社,2010.

[43] (美)姜·范. 热的简史[M]. 李乃信,译. 北京:东方出版社,2009.

[44] (美)库珀. 物理世界[M]. 杨基方,汲长松,译. 北京:海洋出版社,1983.

[45] 金歌. 中外名著博览(自然科学)[M]. 上海:上海科学技术文献出版社,2015.

[46] 王福山. 近代物理学史研究(二)[M]. 上海:复旦大学出版社,1986.

[47] (美)本尼迪克,维拉斯. 物理学:结合医学和生物学解说性实例(卷一力学)[M]. 邝华俊,译. 北京:人民教育出版社,1980.

[48] (苏)别莱利曼. 趣味物理学[M]. 符其珣,译. 北京:中国青年出版社,2016.

[49] 吴少祯. 中国儿科医学史[M]. 北京:中国医药科技出版社,2015.

[50] (美)洛伊斯·N.玛格纳. 医学史[M]. 刘学礼,译. 上海:上海人民出版社,2017.

[51] 马伯英. 中国医学文化史[M]. 上海:上海人民出版社,2010.

[52] 高晞. 德贞传:一个英国传教士与晚清医学近代化[M]. 上海:复旦大学出版社,2009.

[53] 刘学礼. 叩开现代免疫学的大门——琴纳牛痘接种术的发明[J]. 生物学通报,2002(11).

[54] 刘学礼. 种痘术及其中外交流[J]. 自然辩证法通讯,1993(4).

[55] (美)洛伊斯·N.玛格纳. 琴纳、牛痘、疫苗[J]. 刘学礼,译. 世界科学,1999(9).

[56] (美)皮特·莫尔. 改变世界的发现[M]. 唐安华,粟进英,译. 长沙: 湖南

科学技术出版社,2008.

[57] 许士凯. 药物发现史[M]. 北京:中国科学技术出版社,1993.

[58] 宋德生. 从学徒到大科学家——法拉第传略[J]. 自然杂志,1983(6).

[59] (英)詹姆斯. 物理学巨匠:从伽利略到汤川秀树[M]. 戴吾三,戴晓宁,
译. 上海:上海科技教育出版社,2014.

[60] (英)布莱恩·克莱格,罗德里·埃文斯. 十大物理学家[M]. 向梦龙,译.
重庆:重庆出版社,2017.

[61] (美)埃米里奥·赛格雷. 从落体到无线电波——经典物理学家和他们
的发现[M]. 陈以鸿,周奇,等译. 上海:上海科学技术文献出版社,
1990.

[62] (英)托马斯. 法拉第和皇家研究院:一个人杰地灵的历史故事[M].周
午纵,高川,译. 上海:上海科学技术出版社,2015.

[63] 周奇. 法拉第的科学成就——纪念法拉第诞辰200周年[J].大学物
理,1991(12).

[64] (美)罗伯特·哈钦斯,莫蒂默·艾德勒. 西方名著入门(第7卷自然科
学)[M]. 北京:商务印书馆,1995.

[65] 李政道. 吴健雄与宇称不守恒实验[J].科学,1997(5).

[66] 陆埈. 吴健雄教授的科学贡献[J].物理,2007(9).

[67] 杨振宁. 我的学习与研究经历[J].物理,2012(1).

[68] 江才健. 吴健雄传——物理科学的第一夫人[M].上海:复旦大学出版
社.1997.

[69] 杨建邺. 杨振宁传[M]. 北京:生活·读书·新知三联书店,2012.

[70] 卢希庭. 原子核物理[M]. 北京:原子能出版社,1981.

[71] 戴念祖,刘娜. 顾静徽——我国第一个物理学女博士[J].物理,2009(3).

[72] 马俊峰. 他乡布道、异国传经——洋教授戴维在中国的科普之路[J].
科普创作,2017(1).

[73] 肖薇薇. 在中国"玩"科普的网红洋教授: 185 个短视频让化学实验秒
变魔法. https://www.sohu.com/a/340245785_257199.

[74] Li, Q., Xue, C., Liu, J. *et al*. Measurements of the gravitational
constant using two independent methods. *Nature*. 56:582-
588, 2018.

[75] Peter Whitfield. *Landmarks in Western Science: From Pre-
history to the Atomic Age*. Routledge, 1999.

[76] Arthur M. Silverstein. *A History of Immunology*. Academic
Press, 2009.

[77] Stefan Riedel. Edward Jenner and the History of Smallpox and
vaccination. *Baylor University Medical Center Proceedings*.
18(1):21-25, 2005.

[78] Edward Jenner. *The Three Original Publications on Vaccination
Against Smallpox*. Kessinger Publishing, 2010.

[79] Diggins FW. The True History of the Discovery of Penicillin by
Alexander Fleming. *British Journal of Biomedical Science*. 56
(2):83-93, 1999.

[80] Mariya Lobanovska, Giulia Pilla. Penicillin's Discovery and
Antibiotic Resistance: Lessons for the Future?. *Yale Journal
of Biology and Medicine*. 90(1): 135-145, 2017.

科学实验之美

图书在版编目（ＣＩＰ）数据

科学实验之美 / 史晓雷著. -- 杭州 ：浙江教育出版社，2019.12（2024.8重印）
中国青少年科学实验出版工程
ISBN 978-7-5536-9901-1

Ⅰ．①科… Ⅱ．①史… Ⅲ．①科学实验－青少年读物
Ⅳ．①N33-49

中国版本图书馆CIP数据核字(2020)第019647号

中国青少年科学实验出版工程

科学实验之美

KEXUE SHIYAN ZHI MEI

史晓雷　著

策　　划	周　俊
责任编辑	高露露　王晨儿
营销编辑	滕建红
美术编辑	韩　波
责任校对	余理阳
责任印务	陈　沁
出版发行	浙江教育出版社
	（杭州市环城北路177号　电话:0571-88909724）
图文制作	杭州兴邦电子印务有限公司
印刷装订	杭州佳园彩色印刷有限公司
开　　本	710mm×1000mm　1/16
印　　张	11.75
字　　数	233 000
版　　次	2019年12月第1版
印　　次	2024年8月第2次印刷
标准书号	ISBN 978-7-5536-9901-1
定　　价	38.00元

如发现印装质量问题,影响阅读,请与本社市场营销部联系调换,
电话:0571-88909719